KB265083

재밌어서 밤새 읽는
똥
이야기

재밌어서 밤새 읽는 똥 이야기

1판 1쇄 인쇄 | 2025년 10월 29일
1판 1쇄 발행 | 2025년 11월 6일

지은이 | 사마키 다케오
옮긴이 | 김정환
감수 | 김남규

발행인 | 김기중
주간 | 신선영
편집 | 백수연, 정진숙
경영지원 | 홍운선
펴낸곳 | 도서출판 더숲
주소 | 서울시 영등포구 당산로41길 11, E동 1410호 (07217)
전화 | 02-3141-8301
팩스 | 02-3141-8303
이메일 | info@theforestbook.co.kr
페이스북 | @forestbookwithu
인스타그램 | @theforest_book
출판등록 | 2009년 3월 30일 제2025-000114호

ISBN 979-11-94273-29-5 (03470)

사마키 다케오 지음

김정환 옮김

김남규 감수

더숲

머리말

 이 책은 평소에 더럽고 창피하다는 이유로 화제에 잘 오르지는 않지만, 우리가 태어나서 죽을 때까지 평생에 걸쳐 함께하는 아주 소중한 똥에 관한 이야기다. 하지만 똥에 애정 어린 관심을 갖고 있는 똥 애호가를 위한 마니아적인 책은 아니다. 똥의 과학, 신체와 건강이라는 관점에서 의학적 지식을 알기 쉽게 전달하고자 알아두면 유익한 정보와 재미있는 이야기들을 정리해 담았다. 방귀와 오줌에 관한 이야기뿐 아니라, 전통 속에 전해 내려오는 풍습과 속설 같은 민속적인 내용도 곁들였다.

 이 책은 언제 어디서나 짬이 났을 때 각 항목을 단숨에 읽고 즐길 수 있도록 구성했다. 내가 추천하는 방법은 화장실에 놓아두고 일을 볼 때 아무 페이지나 적당히 펼쳐서 읽는 것이다!

 이 책에서 나는 지금까지 과학적, 의학적으로 명확히 밝혀진 정보를 선택해 이해하기 쉽게 소개하려 노력했다. 물론 그 과정에서 나도 똥에 대해 깊이 있게 배울 수 있었다.

대체 똥의 성분은 무엇일까? 건강한 똥이란 어떤 것일까? 장내 세균을 분류할 때 사용되는 유익균, 유해균, 기회주의균이란 무엇일까? 왜 장내 세균의 대부분이 대장에 살고 있을까? 왜 NASA(미 항공우주국)는 방귀에 관해 연구했을까? '장은 제2의 뇌'라고 불리는 이유는 무엇일까? 등등.

평생을 함께하는 존재인 만큼 똥에 관해 알아두면 도움이 되고 유용한 정보가 많다. 밝혀진 사실도 많지만 아직 밝혀지지 않은 부분도 적지 않다. 특히 똥과 관계가 깊은 장내 세균의 경우는 특정 세균을 분리해내거나 배양하는 데 어려움이 있었는데, 2006년 이후 DNA 해독 기술이 비약적으로 발전한 덕분에 다양한 세균의 DNA를 조사할 수 있게 되었다. 연구는 이제 막 시작되었을 뿐이다.

이 책을 읽고 나면 화장실에서 용변을 보는 시간이 조금은 다르게 느껴질지도 모른다. 또한 '오늘의 똥은 어떤 상태일까?'를 의식하게 될 것이다. 화장실에서 일을 볼 때 이 책을 읽으면서 우리 몸의 신비로움과 건강에 관해 생각해 보기 바란다.

사마키 다케오

감수의 글

사마키 다케오 님의 《재밌어서 밤새 읽는 똥 이야기》를 감수하게 되어 영광입니다. 번역서를 감수하는 즐거움 중 하나는 책을 쓰신 분의 뜨거운 열정과 폭넓은 지식을 만나는 것이라고 생각합니다. 책을 읽다 보니 자연스레 빠져들어 시간 가는 줄 모르고 끝까지 재미있게 읽었습니다.

우리 몸은 건강을 유지하려면 매일 규칙적인 식사를 통해 영양분을 섭취해야 합니다. 숨쉬며 들이마신 산소와 흡수된 영양분이 생명 유지에 필요한 에너지를 만들고, 그 과정에서 발생한 노폐물 즉 이산화탄소는 폐를 통해, 소변과 대변은 신장과 대장을 통해 몸 밖으로 배출됩니다. 이 순환이 제대로 이루어지지 않으면 생명 유지가 불가능합니다.

저는 대장·항문외과 의사로서 질병으로 인해 가스나 대변을 배출하지 못해 고통받는 환자들을 수없이 보아 왔습니다. 시원한 방귀와 쾌변이 얼마나 소중한 경험인지 누구보다 잘 알고 있습니다. 흔히 더럽다고 피하는 똥은 사실 우리가 어떤 음식을 먹고 있는지, 몸 상태가 어떤지를 보여주는 중요한 지표 중 하나입니다. 예컨대 과거 어의들이 임금님 똥을 담은 변기, 즉 매화틀을 통해 냄새와 모양, 색깔을 관찰하여 건강 상태를 가늠했던 사실은 잘 알려져 있습니다. 오늘날에도 똥이 진단과 치료에 중요한 역할을 하는 것을 보면, 전통 한의학의 선견지명을 높이 평가하고 싶습니다.

이 책은 똥에 대해 우리가 평소 가지고 있는 질문과 답을 흥미롭고 정확하게 풀어내고 있습니다. 단순히 배출된 음식물 찌꺼기이고 더럽고 냄새난다는 이유로 혐오의 대상이 되어온 똥의 중요성과 유용성을 다시금 새롭게 조명하면서, 저자의 폭넓은 경험과 문헌 고찰을 바탕으로 대중에게 알기 쉽게 설명해 준 것은 의미 있는 일이라고 생각됩니다. 저자의 의학적 지식은 정확하고 광범위하여 의학을 전공한 본인 역시 놀랐고, 이해하기 쉽게 풀어낸 설명에는 과학 교육자 특유의 누적된 경험이 녹아 있다고 생각합니다.

또한 이 책은 똥의 진정한 정체를 알려 주고, 똥이 어떻게 귀하게 순환되는지, 각종 동물에서 배설물이 어떤 운명을 거치는지를 신기하고 재미있게 소개합니다. 배설에 대한 혐오감보다는 이해를 돕고, 이 과정이 생존에 필수적이라는 사실을 친절하게 일러줍니다. 더 나아가 대장 내 세균총을 다루면서 병원균의 기원과 장내 병원균의 중요한 역할을 설명하고, 장 건강을 위해 우리가 어떤 노력을 해야 하는지도 안내합니다. 변비나 숙변에 대한 정확한 설명과 흔히 복용하는 설사약에 관한 정리도 충실하게 담겨 있어 건강 관리와 주의할 점을 잘 짚어줍니다.

또한 똥과 관련된 상하수도 발달 과정, 수인성 질환과의 역학적 관계, 전통적 치료와 속설에 대한 과학적 추론까지 흥미진진하게 풀어냅니다. 그야말로 한시도 눈을 떼기 어려울 정도로 다양하고 재미있으며 유익한 내용이 잘 녹아 있습니다.

청소년은 물론 일반 독자들에게도 꼭 일독을 권하고 싶은 책입니다.

연세대학교 의과대학 명예 교수

김남규

차례

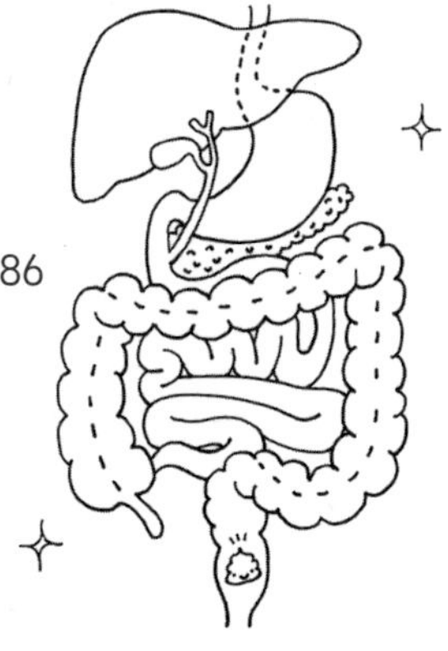

PART II

병균, 파일로리균, 장내 세균총, 유산균·비피더스균

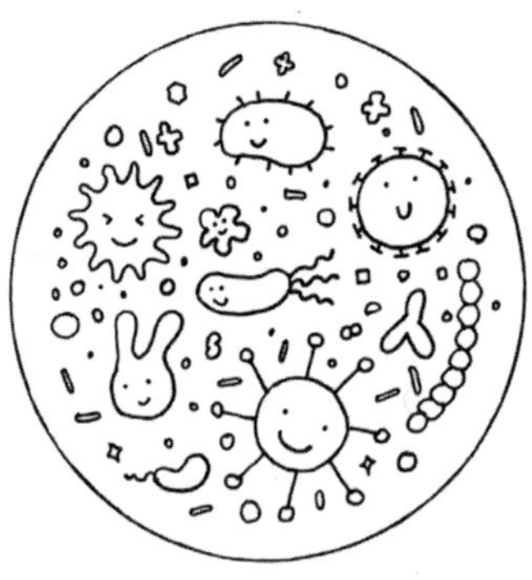

Part I

**똥과 오줌의 성분은 무엇이며
어떻게 만들어질까?**

입에서 항문까지 음식물의 여행

우리 몸은 속이 비어 있는 하나의 파이프

우리 몸속에는 입에서 항문까지 성인의 경우 약 9미터 길이의 소화관이 지나고 있다. 소화관은 복잡하게 구부러져 있는 속이 빈 하나의 파이프(튜브) 같은 것이다. 가운데가 뚫려 있는 원통 모양의 길쭉한 어묵을 떠올리면 이해하기 쉽다. 어묵의 몸통 부분이 우리 몸에 해당하고, 구멍 부분이 소화관에 해당한다.

이렇게 생각하면 구멍이 뚫린 파이프 속은 주위 공기와 연결되어 있으므로, 사실상 파이프의 '외부'라고 할 수 있다. 마찬가지로 우리 몸속의 소화관도 외부의 음식을 받아들여 소화와 흡

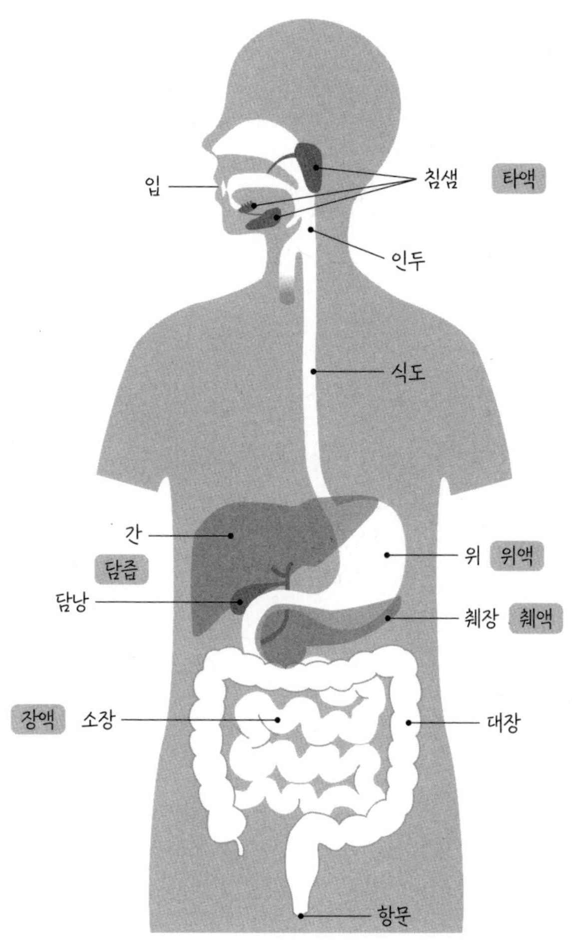
입
침샘
타액
인두
식도
간
담즙
담낭
위
위액
췌장
췌액
장액
소장
대장
항문

수 과정을 거친 뒤 노폐물을 배출하는 통로다. 입-위-소장-대장-항문으로 이어지는 속이 빈 하나의 파이프로, 몸의 장기와 조직이 있는 '내부'와는 별개의 공간이므로 몸의 '외부'로 분류된다.

몸의 외부에 해당하는 소화관의 통로에는 타액(침), 위액, 췌액(췌장액), 담즙, 장액 등이 흘러든다. 그리고 입으로 먹은 음식물은 그 통로를 지나며 똥이 된다.

소화관에서는 소화 효소가 큰 역할을 한다!

전분(탄수화물의 일종)이나 단백질은 크기가 너무 거대한 분자(고분자)이기 때문에 물에 잘 녹지 않는다. 지방의 경우는 극성이 없어, 극성인 물과 결합이 약해서 역시 물에 녹지 않는다.

밥에 들어 있는 전분은 수백에서 수만 개의 포도당이 결합해서 만들어진 것이다. 또한 육류의 주성분인 단백질은 수백에서 수만 개의 아미노산이 결합해서 만들어진 것이다. 한편 지방은 지방산과 모노글리세리드로 분해되면 물에 잘 섞일 수 있게 된다.

우리가 먹은 음식을 작은 포도당이나 아미노산, 지방산 등으로 분해해 물에 녹거나 섞일 수 있는 형태로 만드는 것, 이것이 바로 소화다. 소화를 해야만 음식물을 몸속에 흡수해 이용할 수 있다. 이때 인체의 '외부'인 소화관으로 흘러들어오는 소화액 속의 소화 효소가 큰 역할을 한다.

입속에 들어간 밥이 달게 느껴지는 것은 침 속에 있는 아밀라아제(아밀레이스)라는 소화 효소가 작용하기 때문이다. 아밀라아제 덕분에 전분이 맥아당(엿당)으로 분해된다. 현재 인간의 몸속에서 일하고 있는 효소는 수천 종류에 이르는 것으로 알려져 있는데, 모두 섭씨 36~37도에서 가장 활발하게 활동한다. 효소는 단백질로 구성되어 있기 때문에 고온에서는 변성된다.

또한 간에서 만들어져 담낭을 통해 분비되는 담즙은 소화 효소가 들어 있지 않지만 비누와 같은 계면활성 작용을 통해 지방을 물속에 작은 알갱이로 분산시켜 소화를 돕는다.

위에는 강한 산성의 위액이 있는데, 이 위액에는 염산과 함께 펩신이라는 단백질 분해 효소가 들어 있다. 단백질은 위에서 아미노산이 약 열 개에서 수십 개까지 연결된 폴리펩타이드로 분해되며, 이후 십이지장과 소장에서 아미노산으로 최종 분해된다. 한편 지방은 췌장에서 분비되는 췌액 속의 리파아제(라이페이스)를 통해 위 다음에 있는 십이지장에서 지방산과 모노글리세리드로 분해되며, 맥아당은 췌장액 속 또는 소장의 표면에 있는 소화 효소를 통해 포도당으로 분해된다.

소화를 통해 만들어진 포도당과 아미노산은 길이가 약 6미터 정도인 소장 안쪽의 융털에 있는 모세혈관으로 흡수되어 간으로 운반된다. 그리고 포도당은 글리코겐의 형태로 간에 저장되었다가, 필요에 따라 포도당으로 분해되어 혈류를 통해 온몸의 세포로 운반된다.

한편 지방산과 모노글리세리드는 융털 내부의 림프관으로 들어가면 다시 결합해 중성 지방이 된다. 이 지방은 몸속의 지방 조직에 저장되며, 간에 저장된 글리코겐이 고갈되면 이 지방을

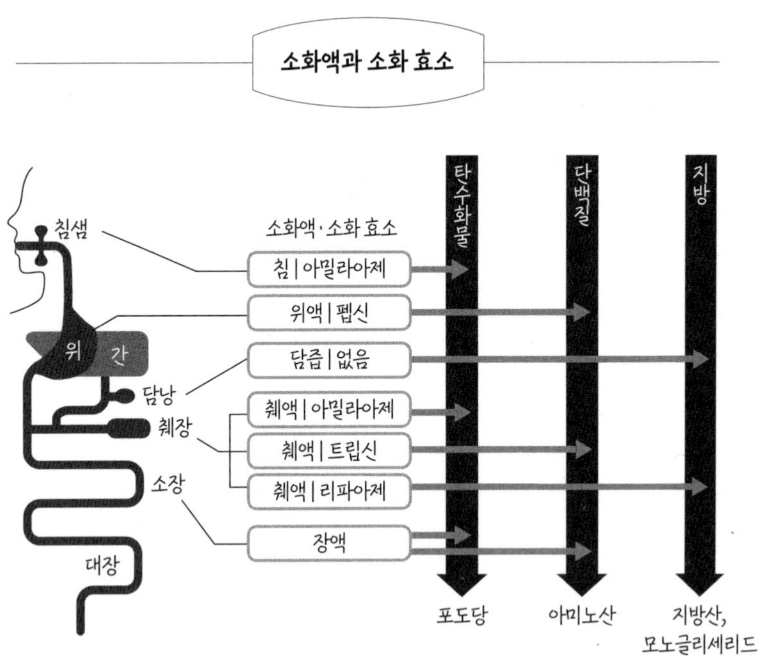

분해해 에너지원으로 사용한다. 참고로, 예전의 과학 교과서에서는 "지방은 지방산과 글리세린으로 분해된다"라고 설명했지지만, 지금은 최근의 연구 결과를 반영해 "지방은 지방산과 모노글리세리드로 분해된다"라고 설명하고 있다.

1년에 욕조 2개 분량(약 400리터)의 침을 만든다고?!

입속에서 으깨진 음식물은 부서져 침과 혼합되며, 밥이나 빵에 들어 있는 당질(탄수화물에서 식이섬유를 제외한 성분)은 침 속에 포함된 아밀라아제에 의해 그 일부가 맥아당 등으로 분해된다. 성인의 몸에서 만들어지는 침의 양은 하루에 1~1.5리터다.

삼킨 음식물은 식도로 들어간다. 식도는 삼킨 음식을 위로 이동하는 근육질의 관이다. 음식물은 식도의 연동 운동에 의해 운반되어 빠르게 위에 도달한다. 연동 운동은 소화관의 근육이 수축과 이완을 반복하여 음식물을 서서히 아래쪽으로 보내는 운동을 말한다. 다만 식도에서는 소화 작용이 일어나지 않는다.

위액 속 펩신이 단백질을 분해하는 방법

입 안에서 잘게 부서져 침과 혼합된 음식물은 식도를 지나 위로 들어간다. 음식물이 위 속으로 들어가면 위에서 연동 운동에 의해 12~20초 정도의 수축이 분당 3~5회 일어나며, 이 과정에서 산성인 위액과 음식물이 섞인다. 이 위액에는 염산과 산성 환경에서 작용하는 펩신이라는 효소가 들어 있어 육류나 어류의 단백질을 분해한다. 위의 소화 활동은 대략 2~6시간 정도 걸린다.

그런데 우리의 위도 단백질로 이루어져 있으니 위액에 소화되어 녹아 버리는 것은 아닐까? 실제로 비커에 담은 위액에 소나 돼지의 위를 담그면 녹아 버린다. 따라서 우리 위도 무방비 상태라면 틀림없이 녹아버릴 것이다. 하지만 그렇게 되지 않는 이유는 점액이 위 표면의 점막층을 덮어 보호하고 있기 때문이다. 덕분에 점막층이 위액에 직접 노출되지 않는 것이다.

소화관 중에서 길이가 가장 긴 소장

위액과 섞여 걸쭉해진 음식물은 소장으로 운반된다. 소장의 크기는 지름 약 3센티미터에 길이 약 6미터로, 십이지장·공장(空腸)·회장(回腸)으로 구성되어 있다. 다만 공장과 회장 사이에는 명확한 경계가 없다. 소장의 내벽은 고리 모양의 주름으로 되어 있으며, 그 표면에 융털이라고 부르는 수백만 개의 돌기와 융털 표면의 미세융털이 있다. 돌기와 미세융털은 소장의 흡수 면적을 증대시킨다. 소장을 펼치면 그 표면적은 테니스 코트 2개 분량에 이른다고 한다. 소장은 일정 구간에서 고리 모양으로 수축과 이완을 반복하는 분절 운동을 통해 소화물을 장관벽에 밀착시켜 영양분의 흡수를 촉진한다.

십이지장은 담낭과 췌장이 연결되어 있어 간에서 만들어진 담즙과 췌장에서 분비된 췌장액이 함께 유입된다. 췌장액은 위액과 섞여 산성이 된 음식물을 십이지장에서 중화하는 작용을 한다. 십이지장 내부가 중화되면 단백질을 분해하기 위해 췌장에서 분비되는 트립신이라는 소화 효소가 활동하기에 적합한 환경이 된다. 또한 췌장액에는 트립신 외에도 당질을 분해하는 아밀라아제나 말타아제(말테이스), 지방을 분해하는 리파아제 같은 소화 효소가 들어 있다.

담즙에는 지방의 흡수를 돕는 담즙산, 똥의 색깔과 관계가 있는 담즙 색소 등이 포함되어 있지만, 소화 효소는 없다. 담즙은 음식물 속의 지방을 유화(乳化)해서 작은 알갱이로 만드는 작용을 한다. 이렇게 하면 췌장액에 들어 있는 소화 효소인 리파아제와 반응하기가 쉬워진다. 리파아제는 지방을 지방산과 모노글리세리드로 분해한다.

또한 소장 융털의 밑동 부분에서도 다수의 소화 효소가 포함

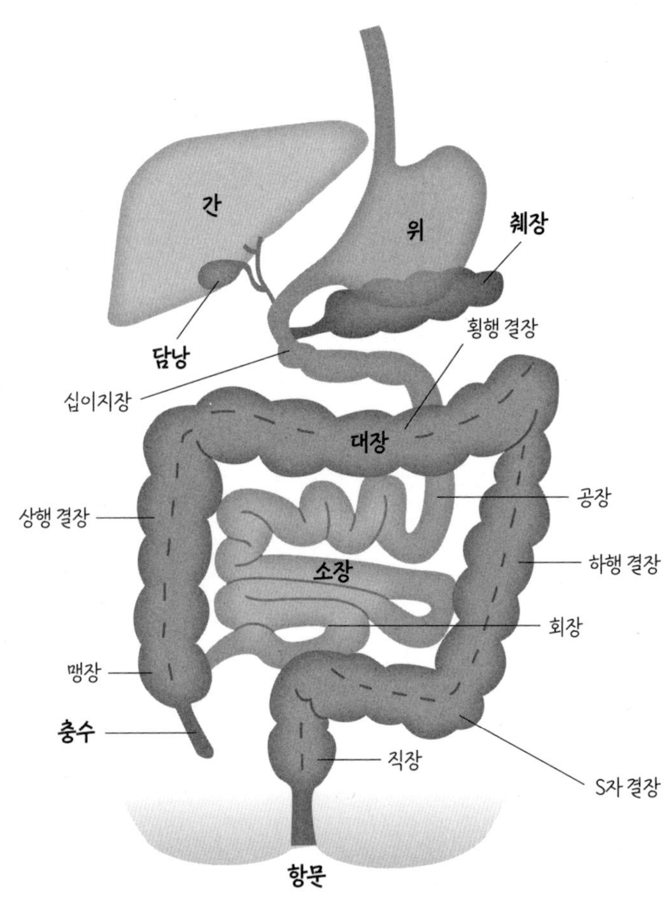

간
위
췌장
담낭
횡행 결장
십이지장
대장
상행 결장
공장
하행 결장
소장
회장
맹장
충수
직장
S자 결장
항문

된 장액이 분비되어 췌장액에 의해 분해된 당질, 단백질, 지방을 더욱 흡수하기 쉽게 만든다.

최종적으로 소장에서 탄수화물은 포도당으로, 단백질은 아미노산으로, 지방은 지방산과 모노글리세리드로 분해된다. 그리고 거의 모든 영양분과 80퍼센트의 수분이 넓은 표면적의 융털을 통해서 흡수된다. 이와 같은 소장의 소화·흡수 활동에는 3~15시간 정도가 소요된다.

똥이 만들어지는 대장

대장은 소장에서 이어지는 소화관의 마지막 부분이다. 맹장·결장·직장 세 부분으로 나눌 수 있다. 지름 약 6센티미터에 길이 1.5~2미터로, 내벽에 주름은 있지만 융털은 없다.

소장에서 맹장으로 보내진 음식물은 걸쭉한 액체 상태지만, 대장벽에서 수분이 흡수된 뒤 남은 것에 장내 세균이나 그 사체 등이 추가되면서 딱딱해져 똥이 된다. 그리고 직장으로 보내져 항문을 통해 배출된다. 대장은 연동 운동을 통해 내용물을 운반하며, 대장벽에서는 점액을 분비해 똥과의 마찰을 줄여준다.

음식물을 먹은 뒤 똥이 되어 나오기까지는 24~72시간이 걸린다.

똥은 무엇으로
이루어져 있을까?

똥의 내용물 중 대부분은 음식물에서
소화되지 않은 찌꺼기다?

똥의 양과 횟수는 섭취한 음식의 종류와 양, 소화 흡수 상태에 따라 달라지지만, 평균적으로는 하루 1회, 150~200그램 정도다. 일반적으로 동물성 식품을 많이 먹으면 식물성 식품을 많이 먹었을 때보다 똥의 양과 횟수가 줄어드는 경향이 있다.

똥에는 무엇이 포함되어 있을까? 굳기가 치약 정도인 이상적인 똥의 경우 수분이 전체의 약 70~80퍼센트를 차지한다. 나머지는 음식물에서 소화되지 않은 부분(찌꺼기), 소화관에서 벗겨진 상피(장벽 세포의 사체), 장내 세균과 그 사체, 이 세 가지로 크게 구성되어 있으며 장내 세균의 비율이 가장 크지만, 이 세 가지가 대략 비슷한 비율이라고 볼 수 있다.

의외로 수분이 많다는 생각이 들지 않는가? 우리는 음료와 음식물을 통해서 하루에 약 2리터의 수분을 섭취한다. 여기에 소화관에서 분비되는 액체(침·위액·장액·췌액·담즙 등) 약 7리터가 추가된다. 요컨대 매일 모두 합해 약 9리터나 되는 수분이 소장으로 들어오는 셈이다. 하지만 이 9리터의 수분 중 약 7리터는 영양분과 함께 소장에서 흡수되기 때문에 대장으로 넘어가는 양은 약 2리터에 불과하다. 대장은 수분을 흡수하는 역할을 하며, 최종적으로 똥으로 배출되는 수분은 하루에 약 0.1리터(무게로는 약 100그램) 정도다. 많아도 0.2리터를 넘지 않는다.

대장에서도 음식물의 소화가 진행된다

중학교 과학 시간에는 대장의 활동에 대해 "소장에서 흡수되지 않은 나머지 수분을 흡수한다" 정도로만 배운다. 소장은 소화된 영양소를 흡수하는 곳이지만 대장은 수분을 흡수해서 음식물 찌꺼기를 고체로 만드는, 즉 똥을 만드는 곳이라고 가르쳐온 것이다.

그러나 현재 밝혀진 바에 따르면 대장에는 우리 몸을 구성하고 있는 세포의 수인 약 37조 개보다 비슷하거나 약간 더 많은 수의 세균이 서식하며, 이 세균들이 대장에서 인간의 건강에 크게 관여하고 있다.

식이섬유는 소장에서 거의 소화되지 않은 채 대장까지 내려오는데, 대장 속에는 이 식이섬유를 기다리고 있는 장내 세균들이 있다. 장내 세균은 인간이 소화하지 못한 것을 영양분으로 삼는다. 다시 말해, 똥의 내용물 중에서 소화되지 않은 음식물 부분은 대장의 장내 세균이 식이섬유를 '소화'하는 과정을 거친 뒤에도 소화되지 못한 부분이다.

우리 장 속은 온도와 pH(산성 또는 알칼리성을 나타내는 지표)가 적당하고 영양이 계속해서 공급되는 등 세균이 살기 좋은 환경이다. 그래서 수많은 장내 세균이 서식하고 있으며 그 양은 무려 1~2킬로그램에 달한다.

대장은 음식물 찌꺼기에서 수분과 전해질(특히 칼륨(포타슘)과 나트륨(소듐))을 흡수하는 역할을 하며, 이 과정에 엄청난 수의 장내 세균이 관여한다. 따라서 똥에 장내 세균과 그 사체가 포함되어 있는 것은 지극히 당연하다. 참고로 장내 세균은 공기와 접촉하면 대부분 죽는다.

똥에 벗겨진 소화관 상피가 많은 이유

상피란 동물의 체표면 또는 몸속 기관 내 표면을 덮고 있는 세포층을 구성하는 조직이다. 우리의 소화관 상피는 입, 위, 소장, 대장의 상피다.

우리 몸에서 수명이 짧은 세포 중 하나가 위와 장의 표면을 덮고 있는 소화관 상피 세포다. 특히 융털의 세포는 수명이 24시간밖에 되지 않는다. 소화관 상피 세포는 그만큼 신진대사가 활발하다. 죽은 상피 세포는 벗겨져서 똥의 내용물이 된다.

숙변은 존재하지 않는다?

여러분은 혹시 이런 이야기를 들어본 적이 없는가?

"음식물의 찌꺼기가 소장에 빽빽하게 붙어 있는 울퉁불퉁한 융털 사이에 걸려서 잔류하게 된다. 이렇게 음식물의 찌꺼기가 한 번 걸리면 연쇄적으로 그곳에 음식물의 찌꺼기가 쌓여 장내 순환을 방해할 뿐만 아니라 중요한 장의 흡수력을 약화시킨다. 이 찌꺼기가 바로 숙변이다. 심할 때는 몇 킬로그램이나 되는 숙변이 쌓이기도 한다. 숙변은 '장벽에 딱 달라붙어서 떨어지지 않는 질척질척한 진흙 상태의 똥'이다. 단순히 장내 흐름을 방해하고 영양분의 흡수력을 약화하는 데 그치지 않고 장의 기능을 저하해 변비를 일으킨다. 숙변이 쌓이면 비만이나 피부 트러블 등의 원인이 된다."

건강·다이어트 관련 서적에는 위와 같이 '숙변'에 관한 이야기가 종종 나온다. '변비로 장에 쌓여 있는 변'과는 다른 의미로 사용되는 용어인데, 사실 이런 '숙변'에 해당하는 것은 존재하지 않는다. 소장의 표면에서 영양분을 흡수하는 상피 세포는 새로 증식한 세포로 인해 융털이라는 작은 돌기의 정상까지 밀려나며 정상에 도달하면 벗겨져 나간다. 소장의 상피 세포는 수명

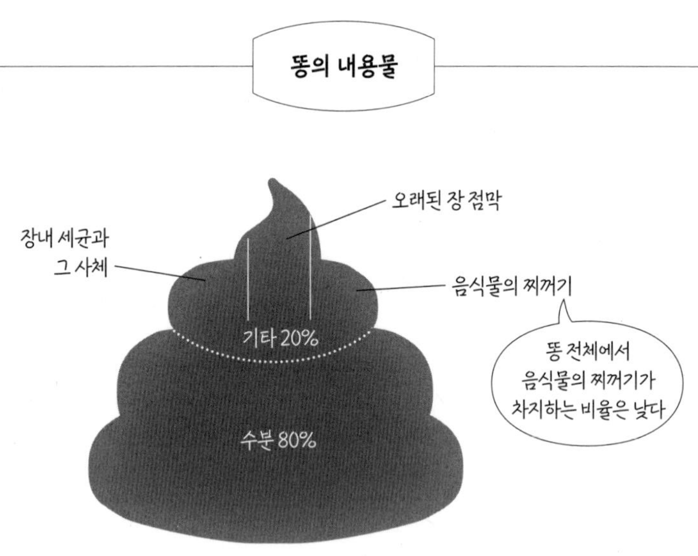

이 매우 짧아서 하루 내지 하루 반나절 만에 융털에서 떨어져 나간다. 똥이 달라붙을 수 있는 상황이 아닌 것이다. 내시경으로 봐도 장벽에 달라붙은 똥은 확인되지 않는다.

그럼에도 '혈액을 오염시키고 소화 흡수를 방해하며 독성을 발생시켜 병의 원인이 된다'는 이유로 '숙변을 제거해서 배 속을 개운하게 만들자'라는 숙변 정보가 아직도 많이 나돌고 있다. 그리고 건강보조식품을 추천하거나 미용 요법 또는 장내 세정을 권한다.

건강 서적이나 광고에서 말하는 숙변은 장에 붙어 있는 똥으로, 이를 방치하면 건강에 해롭다는 주장이나 이와 관련 상술에 휘둘리지 않기를 바란다.

똥의 색깔을 결정하는 담즙 색소

일반적인 똥은 담즙 색소인 빌리루빈 대사산물 영향으로 황갈색을 띤다. 똥의 색깔을 결정하는 주요 성분은 바로 담즙이다. 담즙은 지방의 소화 흡수에 중요한 역할을 하는 소화액이다.

담즙의 성분은 담즙산, 인지질, 콜레스테롤, 담즙 색소(주로 빌리루빈) 등의 분자와 나트륨 이온, 염화물 이온, 탄산 이온 등의 전해질이다. 간에서 만들어지며 간관과 담낭, 총담관을 지나 십이지장으로 흘러든다.

  그리고 십이지장으로 흘러나온 담즙 속의 빌리루빈은 대장 속에서 장내 세균의 영향을 받아 우로빌리노겐으로 변하며, 그 중 대부분은 다시 변 색깔의 근원이 되는 황갈색의 스테르코빌린으로 변화해 간다.

똥과 방귀의 냄새가 고약한 이유

똥 냄새의 근원 인돌과 스카톨이 향수의 재료라고?!

단백질이 대장 속의 세균에 의해 분해되면 악취가 난다. 단백질이 분해될 때 나오는 인돌과 스카톨, 황화수소, 아민 등이 악취를 유발하기 때문이다. 이 물질들은 방귀의 냄새와도 관계가 있다.

인돌과 스카톨은 단백질을 구성하는 필수아미노산 중 하나인 트립토판이 세균에 의해 분해된 결과 만들어진다. 트립토판은 유제품이나 콩 제품, 달걀노른자, 견과류, 바나나 등 단백질이 풍부한 식품에 많이 들어 있다.

인돌은 실온에서는 똥 냄새를 내는 고체 물질이다. 그런데 희석해서 농도를 낮추면 향기로운 냄새가 나며, 오렌지나 재스민 등 수많은 꽃의 향기 성분이기도 하다. 실제로 향수에 사용되는 천연 재스민 기름에는 인돌이 약 2.5퍼센트 함유되어 있고, 향수나 향료에는 합성 인돌이 사용된다.

스카톨이라는 명칭은 그리스어로 똥을 의미하는 '스카토(skato)'에서 유래했다. 화학식을 보면 인돌과 비슷하며, 다른 점은 메틸기(-CH₃)가 붙어 있다는 것이다. 스카톨도 똥 냄새의 근

트립토판, 인돌, 스카톨의 화학식(구조식)

원이지만 희석하면 재스민 향이 난다. 그래서 인돌과 마찬가지로 향수나 향료에 사용되고 있다.

황화수소는 황 원자에 수소 원자가 2개 연결되어 만들어진다. 독성이 강한 기체이며, 그 냄새는 흔히 썩은 달걀 냄새로 알려져 있다. 다만 썩은 달걀의 냄새를 맡아 볼 일은 거의 없을 테니 '삶은 달걀의 껍데기를 깠을 때 나는 냄새'라고 설명하는 편이 이해하기 쉬울지도 모르겠다.

방귀의 가장 많은 성분은 질소

방귀는 장내 가스의 일부가 항문을 통해서 밖으로 배출된 것이다. '장으로 들어오는 가스+장내에서 발생하는 가스'와 '장벽에서 몸속으로 흡수되어 혈액을 타고 순환되는 가스+방귀로 배출되는 가스'의 양은 균형을 이룬다. 이 균형이 정상이라면 약 200밀리리터(컵 하나 분량) 정도의 장내 가스가 쌓인다.

그런데 방귀에는 무려 약 400종류나 되는 성분이 들어 있다. 이 가운데 가장 많은 비율을 차지하는 것은 우리가 들이마신 공기 속의 질소로, 60~70퍼센트를 차지한다. 다음은 10~20퍼센트를 차지하는 수소와 약 10퍼센트를 차지하는 이산화탄소이며, 그 밖에 산소, 메탄, 암모니아, 황화수소, 스카톨, 인돌, 지방산, 휘발성 아민 등이 들어 있다.

또다시 황화수소와 스카톨, 인돌이 나왔는데, 이것들은 똥 냄새의 원인인 동시에 방귀 냄새의 원인이다. 냄새가 있는 물질로는 그 밖에 암모니아와 지방산, 휘발성 아민이 있다. 이 물질들 또한 똥 냄새의 원인이기도 하다.

다만 암모니아, 황화수소, 스카톨, 인돌, 지방산, 휘발성 아민은 방귀 전체에서 약 1퍼센트를 차지할 뿐이다. 들어 있는 양은

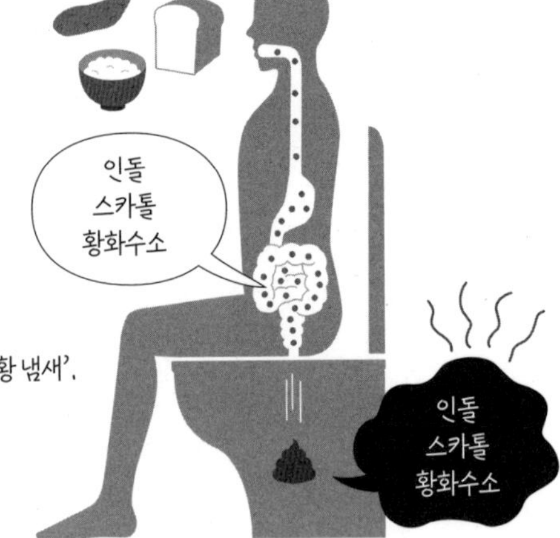

적은데도 강렬한 냄새를 내는 것이다.

방귀의 양은 섭취한 음식물이나 몸 상태에 따라서 달라지지만 한 번에 수 밀리리터에서 150밀리리터 정도, 하루에 400밀리리터에서 2리터 정도다.

트림이나 방귀로 배출되는 장내 가스는 고작 10퍼센트

먼저, 음식물과 함께 삼킨 공기가 몸속으로 들어온다. 습기 없는 마른 공기의 주성분은 부피 기준으로 질소 78퍼센트, 산소 21퍼센트, 기타 1퍼센트다. 침을 한 번 삼키면 그와 동시에 2~4밀리리터의 공기를 삼키게 된다.

삼킨 공기 중에서 산소는 소장까지 가는 동안 대부분 반응·흡수되기 때문에 대장까지 도달하는 것은 극소량에 불과하다. 또한 장벽의 모세혈관 속 혈액에 녹아 있던 기체(산소나 이산화탄소 등)가 장 속에 확산되기도 한다.

장내 가스의 또 다른 중요한 공급원은 장내 세균의 대사(몸속에서 일어나는 화학 반응)다. 세균들은 살아가는 데 필요한 에너지를 추출하거나 몸을 만들 때 영양분을 흡수하고 불필요한 것은 밖으로 내보내는데, 이때 내보내는 가스도 장내 가스의 성분이 된다.

특히 대장에는 방대한 수의 세균이 있으며, 그 세균들은 종류별로 집단을 형성해 살고 있다. 이 집단을 장내 세균총(세균숲) 혹은 장내 플로라(꽃밭)라고 부른다. 이렇게 해서 몸속에 삼킨 공기와 장벽의 모세혈관에서 확산된 가스, 장내 세균총이 배출한 다양한 기체가 장내 가스를 만든다.

장내 가스의 대부분은 장벽에서 몸속으로 흡수되어 혈액을 타고 몸속의 세포로 운반되며, 그곳에서 소비되지 않은 것은 폐에서 호흡을 통해 배출된다. 트림이나 방귀의 형태로 배출되는 장내 가스의 양은 고작 10퍼센트도 안 된다.

"방귀 냄새를 개선하는 약을 개발하자"

방귀를 뀌는 것은 일상적인 현상이지만, 그럼에도 예나 지금이나 격식을 차리는 사회에서는 거의 환영받지 못했다.

2세기 전, '미국 건국의 아버지' 중 한 명으로 칭송받는 벤저민 프랭클린은 과학자이면서 정치가이기도 했다. 우리가 알고 있는 그의 가장 위대한 과학적 업적은 연날리기 실험을 통해서 번개의 정체가 전기 현상임을 밝혀낸 것이라고 할 수 있다.

프랭클린은 1781년에 쓴 에세이에서 방귀에 관해 이야기했다. 이 에세이는 '방귀와 관련해 왕립 아카데미에 보내는 프랭

클린의 편지'로 불린다. 브뤼셀 왕립 아카데미는 당시 매우 존경받는 과학자 집단 중 하나였다.

"우리 인간이 평소처럼 식사를 하고 음식을 소화하면 배 속에서 대량의 장내 가스가 발생한다는 사실은 널리 알려져 있습니다. 이 가스를 퍼트려 악취를 풍기는 것은 주위 사람들에게 실례가 되는 행동입니다. 그래서 교양 있는 사람들은 이런 무례한 행동을 하지 않으려고 가스를 배출하는 자연 현상을 억지로 참고 있습니다. 자연 현상을 거스르고 억지로 참는 것이기에 큰 고통을 동반할 때가 많습니다. 여기에 그치지 않고 만성 장염, 탈장, 복부 팽만의 간접적인 원인이 되어 몸을 망가트리는 경우가 종종 있을 뿐만 아니라 때로는 생명을 위협하기도 합니다. (……) 왜 왕립 아카데미는 방귀 냄새를 개선하는 방법을 찾기 위해 노력하지 않는 것입니까?"

프랭클린은 방귀 냄새를 개선할 방법을 찾기 위해 '현상 공모'를 통해 경쟁을 유도해야 한다고 브뤼셀 왕립 아카데미에 제

안했다. 그것의 궁극적인 목적은 안전하고 불쾌하지 않아 일반 식품이나 소스에 첨가할 수 있으며, 몸에서 자연스럽게 생기는 가스가 나쁜 냄새 대신 향수처럼 좋은 향을 내도록 하는 약을 개발하는 것이었다.

사실 이 에세이의 진짜 의도는 프랭클린이 "왕립 아카데미가 통상적으로 연구하고 있는 철학적 문제는 방귀 정도의 가치도 없다"라고 비꼬기 위한 것이었다고 한다.

오줌이 만들어지는 원리와 성분

몸속 노폐물 암모니아가 뇌에 작용하면?

생물의 몸은 세포라는 단위로 이루어져 있다. 세포는 영양분과 산소를 섭취해 생존에 필요한 에너지를 얻고, 몸을 만들고 성장하는 데 필요한 물질을 얻는다.

인간의 몸은 대략 37조 개의 세포로 구성되어 있다. 그리고 37조 개의 세포 하나하나가 외부에서 섭취한 영양분과 산소를 이용해 생명 활동에 필요한 에너지를 얻는다. 각 세포에 영양분과 산소를 운반하는 일은 혈액이 맡고 있다.

영양분과 산소로부터 에너지를 얻는 과정에서 불필요한 노폐물이 발생한다. 노폐물의 주요 성분은 암모니아와 이산화탄소다. 혈액에 녹은 이산화탄소는 폐로 운반된 뒤 폐에서 이산화탄소 기체로 분리되어 코와 입을 통해 몸 밖으로 배출된다. 문제는 암모니아다. 암모니아는 무색에 자극적인 냄새가 나는 기체다. 물에 잘 녹아 암모니아수가 되며 약알칼리성을 띤다.

암모니아는 몸속에서 단백질 대사나 핵산 분해, 운동으로 인한 근육 수축 과정에서 생기는 물질로, 특히 신경 세포에 대한 독성이 강해서 뇌에 작용하면 뇌 세포를 손상시킨다. 뇌 세포가

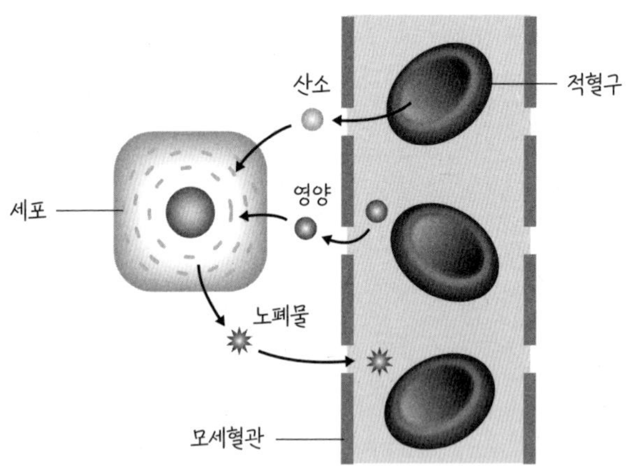

손상되면 오늘이 며칠인지, 자신이 지금 어디에 있는지도 알 수 없게 되거나 혼수상태에 빠질 수 있다. 따라서 암모니아는 반드시 처리해야 하며, 세포에서 생성된 암모니아는 혈액을 통해 간으로 운반된다. 간 세포는 여기에 이산화탄소를 결합시켜 암모니아보다 독성이 약한 요소(尿素)라는 물질을 만든다.

오줌은 노폐물을 걸러내는 신장 활동의 결과물

요소를 포함한 혈액은 신장으로 운반된다. 신장은 등 쪽으로 좌우에 하나씩 있는, 누에콩처럼 생긴 기관이다. 크기는 사람의 주먹보다 조금 큰 정도다.

혈액 속의 노폐물을 배설하기 위해 오줌을 만드는 것은 네프론이라는 조직으로, 신장 하나에 100만 개 이상이 존재한다. 네프론은 사구체라고 부르는 모세혈관의 덩어리와 그것을 감싸고 있는 보먼주머니, 여기에 연결된 세뇨관이라는 관으로 구성되어 있다. 요소를 포함한 혈액은 사구체에서 여과되며, 이때 하루에 약 150리터의 원뇨(오줌의 근원)가 만들어진다.

원뇨에는 불필요한 노폐물과 몸에 필요한 물질(수분, 당분, 나트륨, 아미노산 등)이 포함되어 있는데, 몸에 필요한 물질은 원뇨가 보먼주머니를 통과해 세뇨관을 흐르는 사이에 낭비 없이 흡수되어 혈액 속으로 돌아간다. 실제로 오줌의 형태로 몸 밖에 배출되는 양은 원뇨 약 150리터 중에서 100분의 1 정도밖에 안 되고 원뇨의 99퍼센트는 혈액 속에서 재활용된다.

노폐물은 오줌이 된 다음 요관을 지나 방광에 모이는데 어느 정도 차면 배뇨된다. 참고로 방광에는 300~400밀리리터의 오줌을 저장할 수 있다. 또한 어른이 하루에 배출하는 평균적인 오줌의 양은 1.2~1.5리터라고 한다. 신장은 혈액 속의 수분이나

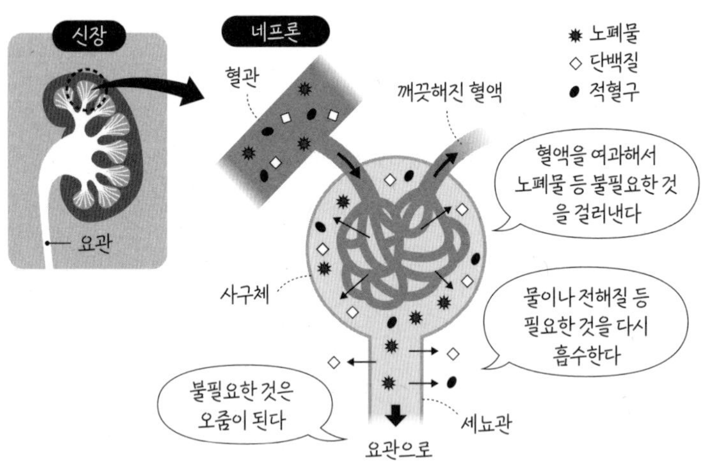

염분 등을 조절하는 역할도 한다. 필요 이상의 수분이나 염분이 있으면 이것을 오줌으로 배출한다. 이런 기능 덕분에 혈액 속의 염분을 늘 적절한 농도로 유지할 수 있는 것이다.

당뇨병으로 고혈당 상태가 계속되면 모세혈관이 손상된다. 신장 역시 당뇨병의 영향을 받아 기능이 나빠질 수 있다. 특히 사구체는 모세혈관이 모여 있는 구조이므로, 고혈당으로 사구체가 손상되면 여과 기능이 저하되어 불필요한 물질이 혈액 속에 쌓이게 된다. 만약 신장이 제대로 기능하지 못하면 혈액뿐만 아니라 세포 주위의 조직액 등에도 염분이나 불필요한 물질이 쌓여 결국 생명을 위협하게 된다.

성인의 하루 평균 오줌 배출량은 1.5리터

하루의 배뇨 횟수는 어른의 경우 대부분 약 4~6회(주로 낮 시간대)다. 건강한 성인이 하루에 배출하는 오줌의 양은 1.5리터 정도며 고령자는 그보다 적은 1.2리터 정도다. 3리터가 넘으면 '다뇨'로 판단된다.

오줌의 95퍼센트는 물이고 나머지 5퍼센트는 고형 성분이다. 그리고 고형 성분 가운데 가장 많은 것은 요소다.

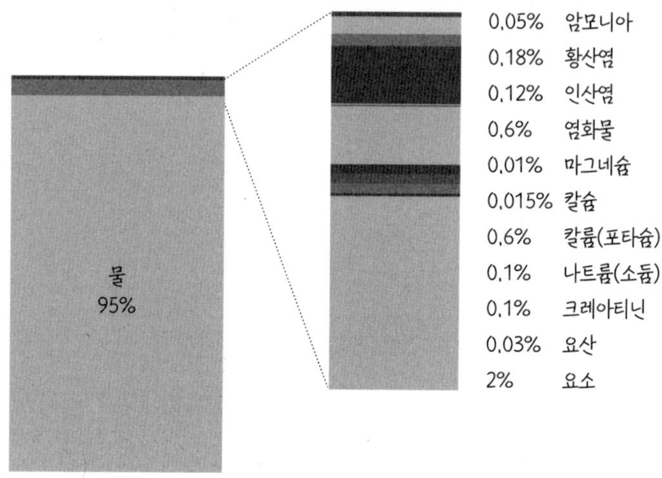

오줌의 색깔을 결정하는 두 물질

정상적인 오줌의 색깔은 담황색에서 연황갈색으로 알려져 있다. 오줌을 노란색으로 만드는 물질 중 하나는 우로크롬이다. 우로크롬이라는 말은 그리스어로 '오줌의 색소'라는 의미다. 그리고 오줌을 노란색으로 만드는 또 다른 물질은 우로빌린이다. 우로빌린은 적혈구의 성분인 헤모글로빈이 자신의 역할을 마치고 분해되었을 때 생긴 빌리루빈에서 유래한다. 장 속에 버려진 빌리루빈이 장내 세균의 작용이나 산화 등을 통해 우로빌린으로 변화한 뒤, 그중 일부가 몸에 흡수되어 오줌에 포함된 것이다.

이 두 물질이 오줌 속에 얼마나 들어 있느냐에 따라 오줌의 노란색이 진해지기도 하고 연해지기도 한다. 가령 운동 등으로 수분이 빠져나가 오줌의 양이 줄어들면 농축되면서 진한 노란색 오줌을 누게 된다.

정상적인 오줌에는 아미노산 대사 성분의 일부가 포함되어 있으며 배뇨 직후에는 약간 향기로운 냄새가 난다.

05

방귀를 자유자재로 다룬 방귀꾼들

방귀를 예술로 승화시킨 '방귀쟁이 사내' 이야기

에도 시대 중기의 박물학자이자 통속소설가이며 조루리(반주에 맞춰서 이야기를 읊는 일본의 전통 예능-옮긴이) 작가인 히라가 겐나이가 흥미를 느꼈던 거리 연예인이 있었다. 그 거리 연예인의 이름은 기리후리 하나사키오토코로, 1774년경 에도의 공연장에서 자유자재로 방귀를 뀌는 방귀 예능을 보여줘 큰 인기를 끈 인물이다. 그는 엉덩이를 전후좌우로 흔들면서 방귀를 뀌었는데, 개가 짖는 소리나 닭 또는 휘파람새가 우는 소리를 흉내 내는 것은 물론이고 심지어 멜로디까지 연주했다고 한다.

이처럼 방귀 뀌는 것을 전문 직업으로 가진 사람을 '호우비시 (放屁師, 방귀꾼)'라고 하며, 히라가 겐나이는 평범한 방귀를 소재로 당시 사회의 모순을 비판한 시대 풍자 소설《호우비론(放屁論)》을 썼다.

그 소설에는 당시 방귀 공연을 본 어느 사내가 "방귀 같은 건 집에서 몰래 뀌어야 하는 것이거늘 공공연하게 구경거리로 만들다니 부끄럽지도 않소?"라고 분개하자 다른 사내가 마치 겐나이의 의견을 대변하는 듯이 이렇게 반론하는 장면이 나온다.

"인간이 몸속에서 내보내는 것에도 천지신명이 정한 바에 따라 귀천의 차이, 신분의 차이가 자연스럽게 존재함은 부정할 수 없소. 그중에서도 가장 신분이 높은 것은 두뇌에서 나오는 '생각'이고, 입에서 나오는 목소리나 노랫소리 같은 것도 신분이 높은 축에 속할 것이오. 그리고 낮은 신분은 '똥'과 '오줌' 같은 부류일 터인데, 그 '똥'과 '오줌'조차도 논밭에 사용하면 훌륭한 거름으로서 가치가 있으니 최하위는 아닐 것이외다. 그러므로 논밭의 거름도 되지 못하고 아무짝에도 쓸모가 없는, 그야말로 백해무익한 '방귀'야말로 최하위에 위치할 것이오.

그런데 이 '방귀쟁이 사내'는 그런 무용지물, 만인에게 버림받았던 '방귀'를 온갖 노력을 기울여 궁리하고 수련한 끝에 멋진 공연으로 승화시켰고, 그것으로 사람들에게 즐거움을 주어 돈을 벌고 있으니 이 어찌 대견한 일이 아닐 수 있겠소? 세상을 구하고자 하는 이들이여, 여러 가지 학문을 공부하는 이들이여, 열심히 노력한다면 틀림없이 방귀보다 더 화려하게 천하에 이름을 떨칠 수 있을 것이오."

방귀쟁이 사내, 기리후리 하나사키오토코의 공연

방귀로 프랑스의 국가를 연주한 '방귀꾼'

방귀를 자유자재로 다루는 거리의 연예인 '방귀쟁이 사내'보다 약 1세기 늦은 시기, 프랑스에서는 '사상 최고의 방귀꾼' 조제프 퓌졸(1857~1945)이 활약했다. 그의 예명은 르 페토만(Le Pétomane)이었는데, 이것은 프랑스어의 동사 '페테(péter: 방귀를 뀌다)에 접미사 '-만(-mane: ~광)'을 붙인 것으로서 '방귀광'을 의미한다.

그는 1892년 이후 파리 북부 몽마르트르에 있는 세계적으로 유명한 카바레 물랭루주 무대에서 조끼와 무릎까지 오는 빨간색 바지, 긴 장화, 검은색 에나멜 구두라는 화려한 옷차림으로 당당히 공연을 펼쳤다. 카바레는 춤이나 쇼 등의 오락을 즐기면서 식사를 하거나 술을 마시는 고급 술집을 말한다.

이 무대에서 조제프 퓌졸은 방귀쟁이 르 페토만으로 유명해졌다. 그는 한 번의 공연으로 2만 프랑을 벌었는데, 당시 세계적으로 유명한 여배우였던 사라 베르나르조차 8,000프랑을 받았다고 한다. 객석을 흥분의 도가니로 몰아넣을 만큼 관객의 마음을 사로잡아 큰 인기를 누렸던 주인공이었던 셈이다.

퓌졸은 방귀를 자유자재로 조절해 천둥소리에서부터 천을 찢는 소리, 대포 발사음에 이르기까지 온갖 소리를 낼 수 있었다.

방귀 소리로 프랑스의 국가인 '라 마르세예즈'를 연주할 수도 있었다. 그는 '방귀를 예술의 경지까지 끌어올린 사내'라는 찬사를 받았다. 퓌졸 공연의 하이라이트는 30센티미터 떨어진 곳에서 한 번의 방귀로 촛불을 끄는 것이었다.

1894년에 계약상의 문제로 물랭루주의 공연 기획자에게 고소를 당한 퓌졸은 퐁파두르 극장이라는 유랑 극단을 만들었다. 그러나 제1차 세계대전으로 인해 화려했던 경력을 마감하게 된

조제프 퓌졸

다. 1918년에 은퇴한 뒤에는 마르세유에서 제빵사로 여생을 보
냈다고 한다.

'방귀꾼'의 '방귀'는 진짜 방귀가 아니었다

퓌졸은 어렸을 때 자신에게 항문으로 물을 빨아들인 뒤 다시
항문으로 방출하는 능력이 있음을 발견했다. 게다가 물뿐만 아
니라 공기도 항문으로 빨아들인 다음 방출할 수 있음을 알게
되었다. 이후 연습을 거듭한 끝에 방귀를 자유자재로 다룰 수
있게 되어 진기하고 놀라운 방귀 공연을 탄생시켰던 것이다.

이때의 방귀는 일단 공기를 빨아들인 다음 괄약근을 조절하
면서 배출하는 것으로, 장내 세균총이 만들어내는 가스가 포함
된 진짜 방귀는 아니다. 만약 진짜 방귀였다면 30센티미터 떨어
져 있는 촛불에 방귀를 쏠 경우 그 방귀에 불이 붙었을 것이다.

방귀에서 두 번째로 많은 성분인 수소는 공기(산소)가 섞인 상
태에서 불이 붙으면 폭발적으로 반응한다. '수소+산소 → 물'의
반응이 일어나 불타거나 폭발하는 것이다. 메탄도 '메탄+산소
→ 물+이산화탄소'의 반응이 일어나서 불타거나 폭발한다.

인터넷에서 검색해보니 '방귀는 불에 탈까?―초등학생 시절
의 실험 보고'라는 제목의 글이 있었다. 그 글의 작성자는 자신

이 초등학생이었을 때 목욕탕에서 수상치환(물속에서 기체를 포집하는 방법. 해당 블로그에 따르면, 목욕물 속에서 방귀를 뀌고 떠오르는 기체를 투명한 플라스틱 용기에 모은 다음 용기를 뒤집는 동시에 촛불을 대서 불꽃이 생기는 것을 확인했다고 한다-옮긴이)으로 모은 방귀에 불을 붙여 푸르스름한 불꽃이 생기는 것을 확인했다고 썼다.

나도 초등학생 시절에 방귀는 아니지만 다른 기체를 가지고 비슷한 놀이를 한 적이 있다. 당시 우리 집에서는 우물가에 커다란 병을 묻어놓고 그 구멍에 채소 찌꺼기 등을 흘려 넣었는데, 나는 그 찌꺼기를 휘휘 저었을 때 생기는 거품에 불을 붙여 불꽃이 확 올라오는 것을 즐기곤 했다. 부글부글 올라오는 거품 속에는 메탄가스가 들어 있었는데 이는 채소 찌꺼기를 먹이로 삼아서 증식한 세균이 만들어낸 것이다.

과거 재래식 화장실을 사용하던 시절, 화장실에서 속옷을 내렸다가 정전기가 발생하는 바람에 폭발한 사례가 있다는 이야기를 읽은 적이 있다. 세계를 둘러보면 지금도 '지저분한 화장실에서 가스가 폭발하는' 사고가 일어나는 듯하다.

또한 복부 수술 중에 전기 메스로 장내 가스에 불이 붙어 폭발한 사례도 있다. 장내 가스에 수소가 상당 비율 포함되어 있었기 때문이다. 현재는 수술 전에 금식과 장 세척을 통하여 대장 내용물과 가스를 거의 비우기 때문에 가스 폭발 없이 안전하게 전기 메스를 사용하고 있다. 그런 폭발 사고를 걱정할 필요가 없는 것이다.

수소나 메탄 같은 가연성 기체와 산소(공기)가 적당한 비율로 혼합될 경우, 불이 붙으면 폭발이 일어난다. 가연성 기체라고 해서 공기(질소 78퍼센트+산소 21퍼센트+기타 1퍼센트)와 어떤 비율로 혼합되어도 불이 붙는 것은 아니다. 공기 속 가연성 기체가 폭발을 일으키는 비율 범위를 폭발 한계라고 부른다. 공기 속에서 수소의 폭발 한계는 부피 비율로 4~75퍼센트다. 수소는 메탄이나 프로판에 비하면 폭발 한계의 범위가 매우 넓은, 다시 말해 폭발하기 쉬운 기체다.

주요 가연성 기체의 폭발 한계

기체명	농도(공기 속)	비고
수소	4.0~75%	폭발 한계가 넓어서 위험하다
일산화탄소	12.5~74%	유독성이고 폭발 한계가 넓다
메탄	5.3~14%	공기보다 가볍다
프로판	2.1~9.5%	공기보다 무거워서 바닥에 고이며 하한이 낮다

06

엄마의 배 속에 있는 아기도 똥을 눌까?

인간의 출발점은 지름 0.1밀리미터 수정란

우리의 '생일'은 엄마의 배 속에서 나와 '응애' 하고 울음을 터트린 날이다. 그러나 사실 우리는 '생일'이 되기 전까지 약 280일 동안 엄마의 배 속에 있었다. 그러므로 진짜 '생일'은 배 속에서 나온 날로부터 약 280일 전이라고 할 수 있다.

태어난 날로부터 약 280일 전, 우리는 지름 0.1밀리미터의 수정란에서 출발했다. 수정란은 여성의 난자와 남성의 정자가 합체해서 만들어진다. 난자는 일반적으로 한 달에 한 번 여성의 난소에서 나오는데, 나온 뒤 24시간 이내에 정자를 만나지 못하면 죽고 만다. 한편 정자는 한 번에 1억 개 이상이 남성의 정소에서 나오지만, 난자 근처까지 도달할 수 있는 것은 약 100개, 그리고 난자와 합체할 수 있는 것은 단 한 개뿐이다.

이렇게 해서 생겨난 수정란은 생긴 지 24시간 정도가 지나면 분열(난할)을 시작한다. 처음에는 하나의 세포였던 것이 2개가 되고, 2개가 4개, 4개가 8개……로 늘어난다. 이때 분열된 세포들은 서로 떨어지지 않고 붙어 있는 상태를 유지한다.

수정 후 4일 반이 되면 세포의 수는 100개 이상이 되고 이제 수정란이 아니라 배아(embryo)라고 부르기 시작한다. 그리고 이 무렵이 되면 비로소 엄마의 자궁벽에 달라붙어 엄마의 몸으로부터 태반을 통해 충분한 영양분과 산소를 공급받을 수 있게 된다.

이와 동시에 배아를 구성하고 있는 수많은 세포가 각기 성질이 다른 세포로 나뉜다. 어떤 세포는 피부의 근본이 되는 세포로, 또 어떤 세포는 뼈의 근본이 되는 세포로, 또 어떤 세포는 근육의 근본이 되는 세포로 분열을 거듭하며 변화해간다. 그리고 임신 9주 이후가 되면 더 이상 배아가 아닌 태아로 불리게 된다.

우리의 배에 있는 배꼽은 탯줄을 자른 흔적이다. 탯줄은 태아와 자궁 속에 붙어 있는 태반을 연결한다. 자궁 속에는 양수라는 특별한 물이 들어 있는 주머니가 있으며, 그 안에 태아가 떠 있다.

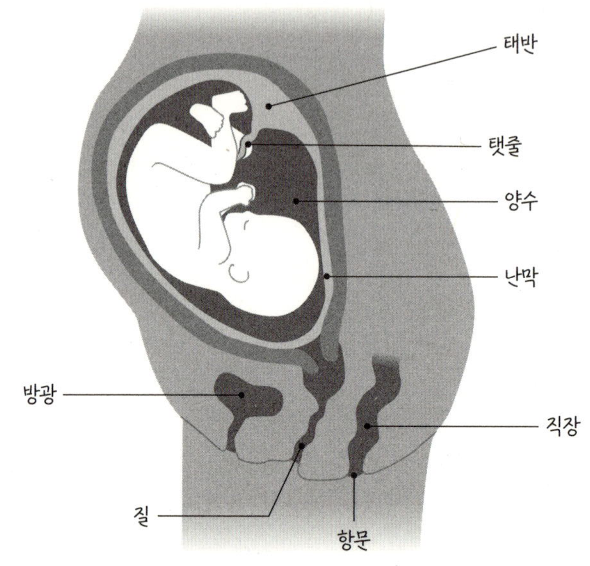

태아는 양수에 오줌을 눈다

엄마의 혈액 속에 있던 영양분과 산소는 태반에서 탯줄을 통해 태아의 혈액 속으로 운반된다. 그리고 태아는 엄마로부터 전달받은 영양분과 산소를 이용해서 성장한다. 또한 태아의 노폐물은 태반을 통해 엄마의 혈액 속으로 운반되며, 엄마는 그 노폐물을 자신의 오줌과 함께 몸 밖으로 배출한다.

태아는 음식물을 먹지 않고 엄마에게서 받은 영양분과 산소로 성장하기에 기본적으로는 똥을 누지 않는다. 태아의 작은 몸 속에 소화기와 간, 신장이 생겨나지만, 입으로 무엇인가를 먹지 않는 이상 똥은 나오지 않는 것이다. 그래도 자세히 조사해보면 입으로 양수를 들이마실 때도 있기 때문에 양수 속에 섞여 있던 세포 조각 등이 태아의 장 속에 쌓이게 된다.

태아가 엄마의 배 속에서 살기 시작한 지 수개월이 지나 간과 신장이 생기면 태아는 양수 속에 오줌을 누게 된다. 이 오줌의 양은 태아의 몸이 커짐에 따라 증가한다. 다만 태아가 눈 오줌이 그대로 양수 속에 쌓이는 것은 아니다. 태아는 양수와 함께 자신의 오줌을 입으로 들이마신다. '더럽게 오줌을 마시다니……'라는 생각이 들지도 모르지만, 태아의 오줌에는 세균이 들어 있지 않으므로 전혀 더럽지 않다.

태아가 마신 오줌은 위를 통해 소장까지 이동하고 이어 대장으로 운반된다. 그리고 이때 장의 막을 통과해서 혈관 속으로 들어간다. 그리고 탯줄을 통해 엄마의 혈관 속으로 이동한다. 엄마의 신장은 태아의 오줌까지 처리해야 하기 때문에 튼튼하지 못하면 버티지 못한다. 임신한 엄마의 신장이 약해지면 엄마의 얼굴이나 손발 등이 붓는 경우도 있다.

오줌으로 벌의 독을 중화한다는 잘못된 상식

태아가 자신이 떠 있는 양수 속에 눈 오줌에는 세균이 전혀 없다. 아니, 태어난 뒤에도 우리 오줌에는 세균이 들어 있지 않다. 만약 세균이 들어 있다면 신장, 요관, 방광, 요도가 세균에 감염되어 요로 감염증 같은 병에 걸린 것이다.

오줌을 그대로 방치하면 공기 중이나 용기에 붙어 있는 세균이 오줌의 요소를 분해해 암모니아를 만들고 이로 인해 이른바 화장실 냄새가 발생한다.

나는 생태계에서 유기물의 '분해자' 역할을 하는 세균의 활동에 관해 가르치기 위해 주로 물에 녹인 요소 비료를 흙 속에 넣고 방치한 뒤 그 냄새를 맡게 하는 실험을 한다. 이때 요소 수용액에서는 냄새가 나지 않지만, 흙 속의 세균에 분해되어 암모니아가 만들어지면 자극적인 냄새가 난다.

참고로, 옛날에는 흔히 "벌에 쏘이면 쏘인 자리에 오줌을 끼얹으면 된다"라는 말이 있었다. 이것은 '오줌=암모니아로 벌의 독을 중화'하는 원리였을 것이다. 그러나 오줌 속에 들어 있는 암모니아의 양은 매우 미미하며, 설령 요소를 분해해 암모니아가 생성되더라도 벌의 독을 중화할 만큼 충분하지 않다. 또한 벌의 독에는 암모니아에 의해 독성이 약해지는 성분이 포함되어 있지 않다.

나는 오줌을 끼얹는 것이 응급 처치로서 환부를 무균 액체로 깨끗하게 씻는 의미는 있을지 모른다고 생각하지만, 오줌은 우리 몸 밖으로 배출되는 순간 세균에 의해 오염될 수 있으므로 오히려 감염의 위험을 높일 수 있다. 다만, 뭔가 응급 처치를 했다는 기분이 통증을 완화하는 심리적 효과를 줄 수는 있었을 것이라 생각한다.

07

당신이 태어나서 처음으로 누었던 똥(태변)

태아일 때 소화관에 쌓인 노폐물, 태변

우리의 배에는 배꼽이 있다. 인간뿐만 아니라 대부분의 포유류가 배꼽을 갖고 있다. 배꼽이 있는 동물은 모두 엄마의 자궁이라는 곳에서 수정란으로 출발해 태아로 성장한다. 배꼽은 탯줄을 자른 흔적으로, 엄마의 혈액 속에 있는 영양분과 산소는 태반에서 탯줄을 통해 태아의 혈액 속으로 운반된다. 태아는 운반된 영양분과 산소를 이용해 성장한다. 또한 태아의 노폐물은 태반을 통해 엄마의 혈액 속으로 운반되며, 엄마는 그 노폐물을 자신의 오줌과 함께 몸 밖으로 배출한다.

태아는 음식물을 먹지 않고 엄마에게서 영양분과 산소를 받아서 성장하기에 똥을 누지 않지만, 그래도 태아의 소화관 속에는 임신 4개월경부터 태아가 입으로 들이마신 양수나 피부에서 벗겨진 세포, 태아 기름막(태아를 감싸고 있는 크림 형태의 기름막)을 장에서 여과한 노폐물이 조금씩 쌓여간다. 그리고 그런 고형 성분과 소화액을 분비하는 연습을 하는 간 등에서 나온 소화액이 섞인 것이 소화관 속에 쌓인다. 그것을 배설한 것이 바로 태변이다.

왜 태변은 새까맣고 냄새가 없을까?

태변은 한마디로 말해 변 같지 않은 변이다. 찰기가 있고, 끈적끈적하며, 색은 새까맣고 냄새가 없다. 냄새가 없는 이유는 태아에게는 장내 세균이 전혀 없기 때문이다.

태아에게 간이 생기면 간에서 소화액인 빌리루빈이 분비된다. 빌리루빈은 처음 십이지장에서 나올 때는 노란색이지만, 장을 통과하면서 화학적으로 변화해 점차 검은색으로 바뀐다. 즉, 새까만 태변이 나온다는 것은 간 등이 정상적으로 발달했음을 의미한다. 만약 태변이 새까맣지 않다면 이것은 간에서 소화액인 빌리루빈에 제대로 분비되지 않고 있다는 뜻이다.

빌리루빈은 혈액 흐름의 끝자락

간에서 분비된 담즙을 공기 중으로 꺼내면 처음에는 빌리루빈의 영향으로 황금색을 띤다. 그러나 방치하면 산화가 진행되면서 빌리베르딘이 생성되어 녹색을 띠게 된다.

빌리루빈은 수명을 다해서 분해된 적혈구 속의 헤모글로빈이라는 성분이 변해서 생긴 물질이다. 적혈구는 약 120일의 수명을 마치면 비장이나 간에서 분해된다. 이때 적혈구 속에서 산

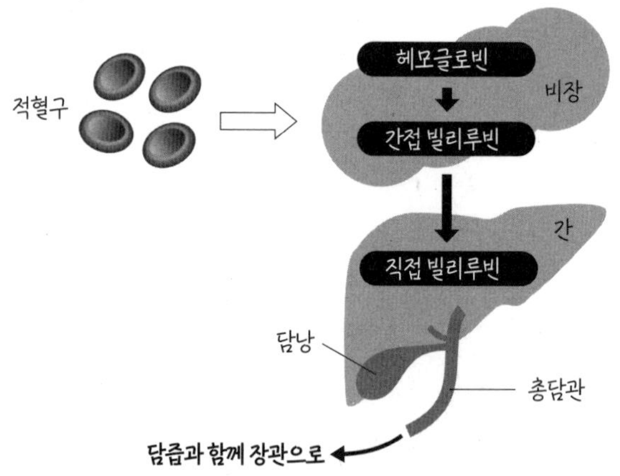

소나 이산화탄소의 운반을 담당하는 물질인 헤모글로빈도 동시에 분해되며, 그 결과 빌리루빈이 만들어진다. 이 빌리루빈은 혈액의 흐름을 타고 간으로 운반되어 담즙의 성분이 된다.

모유 수유 아기의 똥

태어나서 사흘째가 되면 태변의 검은색이 갑자기 옅어져 갈색이 된다. 갈색이 된 뒤, 며칠이 더 지나면 모유만 먹는 아기의 경우 노란색으로 안정된다. 처음에는 평범한 노란색이지만 시간이 지나서 기저귀를 세탁할 즈음이 되면 똥의 표면이 녹색으로 변색되기도 하는데, 이것은 빌리루빈이 산화되어 녹색인 빌리베르딘으로 변환되었기 때문이니 걱정하지 않아도 된다.

시큼한 똥 냄새의 주범은 비피더스균

태어난 지 나흘 정도가 지난 갓난아기의 똥은 코를 자극하는 산미가 강한 매우 시큼한 냄새가 된다. 일반적으로 말하는 똥 냄새는 전혀 나지 않는다.

태아는 엄마의 배 속에 있는 동안 완전한 무균 상태다. 그러다 출산으로 배 속에서 외부 세계로 나오면 비로소 세균과의 동거가 시작된다. 이때 대장균은 증식 속도가 빠르기에 일찍부터 장 속에서 살기 시작해 수적 우세를 점한다.

그러나 모유를 먹는 아기의 경우 생후 나흘째 정도가 되면 외부에서 들어온 비피더스균이 증가하면서 대장균의 증식을 억제하고 아기의 장내 우세균으로 자리잡게 된다. 참고로 인공 우유를 먹는 아기의 경우는 모유 수유아에 비해 대장균군(群)이 많고 비피더스균이 적지만, 시간이 지나면 역시 비피더스균이 우세해진다.

비피더스균은 모유 속의 유당을 발효 작용으로 분해하여 젖산을 비롯해 아세트산 등의 유기산을 생성한다. 유기산은 분자가 작은 까닭에 일반적인 실내 온도에서 휘발해 시큼한 냄새를 풍긴다.

장 속은 산성화되어 대장균이나 다른 병원성 장내 세균이 증식하기 어려워지며, 또한 비피더스균이 대장균의 증식을 억제한다. 비피더스균은 모유 수유아의 장내 감염증으로 인한 유병률과 사망률을 낮추는 데 도움을 주는 것으로 알려져 있다.

비피더스균이 장내에서 우세해지면 아기의 배 속 환경은 산성으로 바뀐다. 이 산성 환경이 장의 점막을 자극해 아기는 하루에도 몇 번씩 똥을 누게 된다. 물같이 묽은 똥이 나오기도 하며 여기에 점액이 섞이는 경우도 종종 있다. 그래서 설사로 오해하는 경우가 종종 있지만, 모유를 먹고 있다면 설사가 아니다. 아기가 식욕이 있고 활기차며 안색이나 기분도 좋고 하루에 50그램씩 체중이 늘고 있는 상태라면 변이 묽거나 횟수가 많은 것은 전혀 문제가 되지 않는다.

똥을 누고 싶은 느낌은 어떻게 일어날까?

변의(便意, 똥이 마려운 느낌)나 변통(便通, 똥이 잘 나오게 되는 것)에는 자율 신경계가 관여한다. 자율 신경계는 감각 기관이나 수의근(의지의 힘으로 움직일 수 있는 근육-옮긴이)과 연결된 신경계와 달리 무의식중에 내장 등의 활동을 조절하거나 연결하는 신경계로, 교감 신경계와 부교감 신경계가 있다.

교감 신경계는 활동계라고도 하며 동공을 확대하고 점액성 침 분비를 증가시켜 침을 끈적끈적하게 만들며 심장 박동을 빠르게 하고 입모근(모근에 붙어 있는 근육-옮긴이)을 수축하는 등의 작용을 한다. 가령 깜짝 놀라면 눈이 커지고 심장이 쿵쿵 뛰며 닭살이 돋는 것은 교감 신경을 통한 반응이다. 한편 부교감 신경계는 휴식계라고도 하며 동공을 수축시키고 수분 위주의 침 분비를 촉진한다. 또한 심장 박동을 억제하고 소화기관의 운동을 활성화한다.

평소에는 교감 신경계와 부교감 신경계의 활동이 균형을 이룬다. 하지만 특정한 상황에서는 어느 한쪽의 활동이 우세해진다.

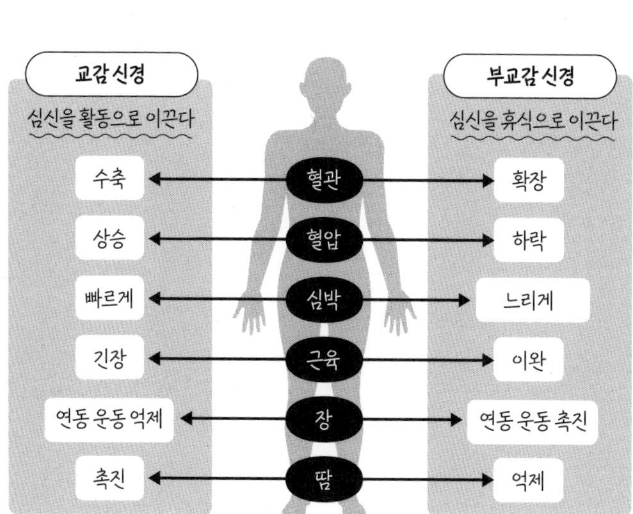

위·소장·대장의 운동이나 소화액 분비의 경우, 교감 신경계는 억제하고 부교감 신경계는 촉진한다. 똥이 대장의 끝에 있는 직장으로 이동해 쌓이면 내부의 압력이 높아지면서 배변 반사가 일어나 변의를 촉진한다. 기본적으로 배변 반사는 부교감 신경계가 우위일 때 활성화되며, 교감 신경계는 배변 반사를 억제하는 작용을 한다.

여행 중이거나 긴장하는 등 스트레스를 받을 때는 변비가 되기 쉬우며(교감 신경계가 우위 상태), 여행에서 돌아와 내 집 화장실에 들어갔을 때나 긴장되는 상황을 넘겨 마음이 안정되었을 때는 배변이 원활해진다(부교감 신경계가 우위 상태).

변의를 참을 수 있는 이유

대뇌의 주된 활동은 똥이 직장으로 이동하는 등 물리적인 자극으로 배변 반사가 일어났을 때 주위 환경이나 상황을 판단해 배변 자극을 억제하는 것이다. 평소에 항문에서 똥이 나오지 않는 이유는 항문 괄약근이라는 근육이 항문의 뚜껑 역할을 하고 있어서다. 요컨대 똥이 나오려면 항문의 뚜껑이 열려야 한다.

항문 괄약근은 내괄약근과 외괄약근 두 가지가 있다. 내괄약근은 자율 신경계에 의해 움직여 의식적으로 조절할 수 없지만,

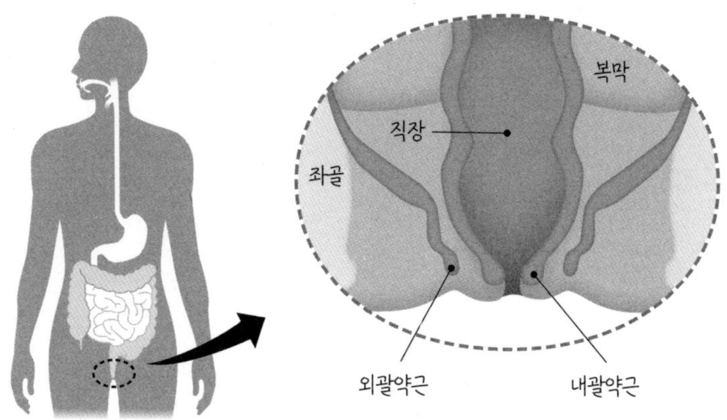

- 내괄약근은 조이려고 의식하지 않아도 자율 신경이 조여준다.
- 외괄약근은 팔이나 다리의 골격근과 마찬가지로 본인이 의식적으로 조일 수 있다.
- 똥이 항문 근처에 있으면 내괄약근은 느슨해지지만, 외괄약근은 똥이 새어나오지 않도록 항문 입구를 조일 수 있다.

외괄약근은 음부 신경을 통해 의식적으로 조절할 수 있다. 대뇌에서 외괄약근을 억제하는 덕분에 어느 정도는 똥을 참을 수 있는 것이다.

갓난아기의 경우 이 음부 신경이 아직 발달하지 않았기 때문에 변의를 느끼면 무의식적으로 기저귀에 싸게 된다.

똥이 누고 싶어질 때는 언제?

변의가 일어나기 쉬운 시간대는 보통 아침에 일어났을 때와 식사를 마치고 났을 때다. 식사를 마친 뒤에는 대장의 운동이 활발해지기 때문에 똥이 직장에 도달하면서 변의가 발생한다. 변의를 느끼고 나서 화장실에 가기 전까지는 대뇌 피질의 지시에 따라 항문 괄약근을 수축한 채로 참는다. 그리고 이대로 계속 참으면 변의가 사라지고 만다.

횡행 결장 이하의 연동 운동은 하루에 1~2회밖에 일어나지 않는다. 이것은 횡행 결장부터 S자 결장 속에 쌓인 장관 내용물을 단번에 직장으로 밀어내는 운동으로, 대연동 운동(총연동 운동)이라고 부른다. 식사를 섭취하는 것이 계기가 되며(위·결장 반사), 특히 아침 식사 후에 일어나기 쉽다고 알려져 있다. 대연동 운동이 하루에 1~2회밖에 일어나지 않기 때문에 변의를 느꼈다면 너무 참지 말고 배변을 하는 편이 좋다. 다음번의 대연동 운동이 언제 일어날지 알 수 없기 때문이다.

음식물이나 음료수가 위에 들어오면 위·결장 반사가 일어나 결장의 연동 운동이 시작된다. 갓난아기가 젖을 먹으면서 똥을 싸거나 성인이 식후에 변의를 느끼는 것은 위·결장 반사가 일어나기 때문이다.

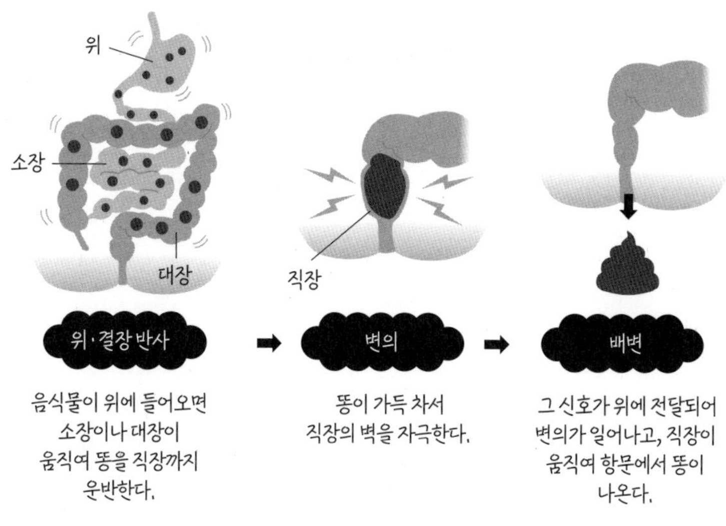

똥을 눌 때 오줌도 나오는 것은 왜일까?

오줌을 눌 때는 똥이 안 나오는데, 똥을 눌 때는 오줌이 함께 나온다. 똥의 뚜껑을 덮고 있는 항문 괄약근과 오줌의 뚜껑을 덮고 있는 요도 괄약근은 기능상 긴밀하게 상호 협동 작용하기 때문에 똥을 눌 때 즉, 항문 괄약근이 이완될 때 요도 괄약근도 이완될 수 있다. 다시 말해 똥을 눌 때도 오줌을 눌 때도 양쪽의 뚜껑이 모두 느슨해진다는 말이다.

오줌의 경우, 방광에 오줌이 차면 자율 신경계의 작용으로 자연스럽게 방광이 수축되는 까닭에 뚜껑만 열려 있다면 힘을 주지 않아도 나온다. 그런데 똥은 항문 괄약근이 느슨해져도 힘을 주지 않으면 나오지 않는다. 그래서 오줌만 나오는 것이다.

한편 똥의 경우는 배에 힘을 주면 비로소 배변이 시작된다. 그리고 힘을 줄 때 방광도 함께 눌리기 때문에 똥을 눌 때는 오줌도 자연스럽게 나오게 된다.

똥을 누기까지 신체기관의 협업 과정

똥을 누고 싶어졌을 때, 대뇌의 억제가 사라지면 횡행 결장 이하의 연동 운동이 일어나고 항문 뚜껑을 덮고 있었던 항문 괄약근이 느슨해져 배변이 시작된다. 이때 배변을 돕기 위해 배에 힘을 줘서 복압을 높이고 성문(양쪽 성대 사이에 있는 좁은 틈-옮긴이)을 닫아서 호흡을 억제하는 등의 현상이 나타난다.

또한 배변을 할 때는 항문 거근(골반 격막을 구성하고 골반 내장을 지탱하는 항문 주위의 근육인 치골 직장근·치골 미골근·장골 미골근의 총칭-옮긴이)이 수축함으로써 직장이 항문 밖으로 나오는 상황(직장탈출증)을 방지한다.

이상적인 똥의 굵기, 굳기, 끈기

장내 세균이 건강하고 바람직한 상태인지 아닌지를 아는 가장 간단한 방법은 변을 관찰하는 것이다. 색깔은 노란색에서 노란빛이 도는 갈색이고, 냄새는 나지만 고약하지는 않으며, 딱딱하지 않은 바나나 모양이 이상적이다. 반대로 변의 색깔이 거무스름하고 악취가 난다면 장내 세균총에 문제가 있을 가능성이 있다. 똥을 '몸에서 보내는 편지'라고 부르는 이유가 여기에 있다.

장내 세균 연구자인 벤노 요시미는 다음과 같은 똥이 '이상적인 똥'이라고 말했다.

- 매일 변을 본다.

- 배에 힘을 주지 않아도 쉽게 나온다.

- 색깔은 노란색에서 노란빛이 도는 갈색.

- 무게는 200~300그램.

- 분량은 바나나 2~3개분.

- 냄새는 나지만 심하지는 않다.

- 굵기는 바나나에서 치약 정도.

- 수분의 양은 80퍼센트.

분량이나 굵기는 바나나가 기본! 무게는 측정하기 어렵기 때문에 바나나 2~3개 분량이라는 설명이 이해하기 쉬울 것이다. 똥의 굵기는 기본적으로 항문이 조여지는 정도에 따라 결정된다. 이상적인 굵기의 똥이라면 역시 껍질을 벗긴 바나나와 비슷한 굵기가 될 것이다.

힘을 줄 필요 없이 시원하게 나온 똥은 점액이라는 '옷'을 두르고 있어서 항문에 잘 달라붙지 않는 까닭에 화장지로 몇 번씩 닦을 필요가 없다. 이 점액의 정체는 소화관에서 나오는 뮤신과 수분이다. 뮤신은 당과 단백질을 성분으로 하는 고분자 화합물로, 이 점액이 소화관과 똥 양쪽의 표면에 얇게 묻어 있기 때문에 똥이 부드럽게 소화관을 이동해 매끄럽게 항문을 빠져나올 수 있다. 참고로 뮤신은 침에도 들어 있어서 음식물을 쉽게 삼킬 수 있도록 도와준다.

똥 색깔로 알 수 있는 건강 위험 신호

똥은 대장을 통과하는 시간이 짧으면 노란색을 띠며, 시간이 길어질수록 거무스름해진다. 만약 변에 혈액이 섞여 있거나 타르 형태의 변이 나왔다면 위험 신호다.

앞에서도 말했지만, 건강한 똥의 색깔은 노란색에서 노란빛이 도는 갈색이다. 담즙 속의 노란색 색소가 똥에 섞여 있기 때문에 보통은 다갈색이나 노란색, 녹색에 가까운 색깔이 된다. 지방분을 과도하게 섭취했을 경우 담즙 사용량이 급증해 보충이 늦어지는 탓에 흰색에 가까운 변을 보게 되는데, 자신이 먹은 음식 중에서 짚이는 것이 있다면 걱정할 필요는 없다. 다만 간염 또는 담석증 등으로 인해 담즙이 흐르지 않았을 가능성도 있으며, 때로는 간암이나 담낭암, 췌장암일 수도 있다.

똥의 표면에 피가 묻어 있을 경우는 치질일 가능성이 높다. 그러나 똥 전체가 붉은빛을 띠고 있다면 대장에서 출혈이 발생한 것으로 예상할 수 있으며, 대장암이나 직장암일 위험도 있다.

걸쭉한 타르 형태의 똥이 나왔다면 상부 소화관에서 출혈이 발생했을 수도 있음을 알려주는 위험 신호다. 출혈성 위염·위궤양·십이지장궤양·위암의 가능성이 있다. 또한 항생제나 철분제를 복용하고 있으면 변이 검어지는 경우가 있다.

똥의 색깔을 결정하는 중요한 조건 중 하나는 장 속의 pH다. 장 속이 산성일수록 똥의 색은 노란색이 되며, 알칼리성일수록 검은색이 되어간다.

브리스톨 대변 척도로 똥의 굳기와 모양을 점검한다

똥의 굳기와 모양 같은 특징을 7단계로 분류한 국제적인 기준이 있다. 이를 브리스톨 대변 척도라고 하며, 영국의 브리스톨 대학교가 개발했다.

브리스톨 대변 척도 4~5 사이의 치약 같은 형태가 가장 건강한 상태의 똥이다.

토끼 똥 같은 동글동글한 똥은 신경이 예민해 변비에 잘 걸리는 사람에게서 많이 발견된다.

바나나 형태의 똥은 건강한 상태지만, 수분이 부족하면 변비가 되고 항문 열상(치열)에 걸리기도 쉬워진다.

스트레스나 소화 부족, 수분의 과다 섭취는 똥을 묽게 만든다. 그러나 갑자기 가는 똥이 나온다면 직장암을 의심할 수 있다.

7	6	5	4	3	2	1
수양변	진흙변	조금 부드러운 변	보통 변	조금 딱딱한 변	딱딱한 변	동글동글한 변
물 같은 변	형태가 없는 진흙 같은 변	수분이 많아서 조금 부드러운 변	적당한 굳기의 변	수분이 적어서 약간 금이 가 있는 변	짧게 굳은 딱딱한 변	딱딱하고 동글동글한 변(토끼 똥 같은 변)

매우 빠르다 약 10시간 ← 소화관을 통과하는 시간 → 매우 느리다 약 100시간

일시적인 설사의 경우 형태가 뚜렷하지 않은 죽 같은 상태 혹은 액체 상태가 많다. 수시로 화장실에 가야 하거나 설사가 사흘 이상 계속될 때는 식중독일 가능성이 있다.

건강한 똥은 물에 뜰까, 가라앉을까?

물체가 물에 뜰지 가라앉을지는 그 물체의 밀도가 물의 밀도인 $1g/cm^3$보다 큰지 작은지를 보면 알 수 있다. 밀도가 물의 밀도

수분이 조금 많으면 질게 반죽한 정도의 굳기로 뱀처럼 똬리를 틀게 된다. 수분이 90퍼센트를 넘기면 설사! 변비일 때는 수분이 적어서 딱딱해진다.

노란색은 지방의 소화를 돕는 담즙 색소의 색이다. 채소류가 많으면 노란색이, 육류가 많으면 흑갈색이 된다.

병의 전조.

똥 냄새의 원인은 세균이 동물성 단백질을 분해할 때 발생하는 유독 가스다.

인 1g/cm^3보다 큰 것은 물에 집어넣으면 가라앉는다. 반대로 1g/cm^3보다 작은 것은 물에 집어넣으면 뜬다.

한식을 중심으로 한 균형 잡힌 식생활을 할 경우, 건강한 똥의 밀도는 대략 1.06g/cm^3 정도다. 물보다 약간 높은 수준이다. 다만 이 정도면 밀도 차이가 크지 않기 때문에 낙하 속도가 특별히 크지 않는 한 똥은 물에 가라앉기보다 오히려 물속에 떠 있는 것처럼 보인다.

식이섬유가 많아서 공기나 가스를 포함하고 있는 똥이라면 밀도가 낮아져서 물에 뜬다. 또한 지방질이 많은 똥도 물에 뜬다. 지방은 물보다 밀도가 낮기 때문이다. 반면, 육류 등 단백질을 많이 먹으면 똥의 밀도가 높아져서 물에 쉽게 가라앉는다.

감염성 설사의 대표, 식중독

비감염성 설사가 일어나는 이유는?

설사란 똥에 포함되어 있는 수분이 많아서 액체에 가까운 형태로 배출되는 상태를 가리킨다. 똥의 특징을 분류한 브리스톨 대변 척도에서는 7번의 '심한 설사'에 해당하며, 수분의 양이 90퍼센트가 넘는다.

대장은 내용물을 운반하는 연동 운동, 수분 흡수, 분비라는 세 가지 활동을 한다. 대장의 연동 운동이 약해지면 수분 흡수가 진행되기 때문에 변비가 되며, 반대로 연동 운동이 너무 활발해지면 설사가 된다. 설사는 대장이 수분을 충분히 흡수하지 않을 때, 또 장 점액이나 수분의 분비가 활발해졌을 때 일어난다.

설사는 지속 기간을 기준으로 갑자기 일어나는 급성 설사와 2~3주 이상 설사가 계속되거나 재발을 반복하는 만성 설사로 나뉜다. 가장 흔한 만성 설사의 원인은 과민성장증후군이다.

급성 설사 중에 찬 음식을 너무 많이 먹었거나 폭식 또는 폭음을 했을 때, 특히 여름에 에어컨이나 선풍기를 틀고 춥게 잤을 때 일어나는 설사는 비감염성 설사(식중독이나 병원균의 감염증이 아닌 설사)로, 대장의 연동 운동이 지나치게 활발해져 수분이 제대로 흡수되지 않았기 때문에 일어난다. 가령 찬 음식이 위에 들어가면 그 자극이 대장에 전달되어 대장의 연동 운동이 왕성해진다. 이것을 위-대장 반사라고 한다. 또한 위에서 소화가 충분히 진행되지 않은 채 음식물이 장에 도달하면 덜 소화된 내용물이 장벽을 자극해서 연동 운동이 활발해진다. 이로 인해 대장의 수분 흡수가 약해져 설사가 일어나는 것이다.

식중독을 일으키는 병원균과 생물독, 바이러스

어떤 식품이든 부패하거나 변질된다. 식품이 부패하는 이유는 식품을 먹이로 삼는 다양한 세균이 대량으로 증식하기 때문이다. 식품은 불과 몇 시간 만에 부패할 때도 있는데, 이것은 세균이 몇십 분 만에 배로 늘어나는 속도로 증식하기 때문이다.

　다만 부패한 식품을 섭취했더라도 구토나 설사 같은 식중독 증상이 나타나지 않는 경우가 종종 있다. 부패한 식품에 들어 있는 대부분의 세균은 섭취해도 인체에 직접적으로 해로운 영향을 끼치지는 않는다. 오히려 더 무서운 것은 부패가 진행되지 않았더라도 그 식품에 식중독을 일으키는 특정 세균이 존재할 경우다. 먼 옛날부터 식품 안전의 가장 큰 위협은 부패 자체가 아니라 살모넬라균·포도상구균(포도구균)·장염비브리오균·보툴리누스균 같은 식중독을 일으키는 병원균 때문이었다.

　배앓이를 일으키는 음식을 섭취했을 경우 대장은 나쁜 것을 빠르게 배출하고자 장의 점막에서 활발히 수분을 분비하기 때문에 물 같은 변이 빈번하게 나오게 된다. 출혈이나 점액, 점막이 섞여 있을 때도 있다. 이질, 콜레라, 일부 병원성 대장균의 감염증 같은 경우는 심한 설사나 구토를 일으킬 뿐만 아니라 병원균이 배출하는 독소가 장관에서 혈관이나 세포로 들어가 심각한 증상을 유발하기도 한다.

　식중독의 경우, 균이 입을 통해서 들어온 다음 증상이 나타나기까지 걸리는 시간은 가장 빠른 포도상구균이 1~6시간, 살모넬라균이 8시간 이상, 장염비브리오균이 평균 12시간 이상이다. 구역질이나 구토가 발생하고 체온이 섭씨 38도 이상 오르면서 설사를 한다면 식중독이 의심되므로 병원 진료를 받아야 한다.

식중독의 원인 중 일부는 독버섯, 감자 싹에 포함되어 있는 솔라닌, 패독, 곰팡이독 등 생물독에 의한 경우도 있다.

바이러스가 원인인 식중독도 있다. 가장 많이 발생하는 것은 노로바이러스로 인한 식중독이다. 겨울철에 발생하는 식중독은 대부분 노로바이러스가 원인이며, 원인 식품은 주로 생굴이나 어패류 등 해산물이다. 섭취 후 1~2일 후에 갑자기 구역질이 나고 구토나 설사가 1~2일 정도 계속된다. 또한 감염된 사람의 똥이나 토사물, 혹은 이것이 건조되면서 나오는 분진이나 먼지에

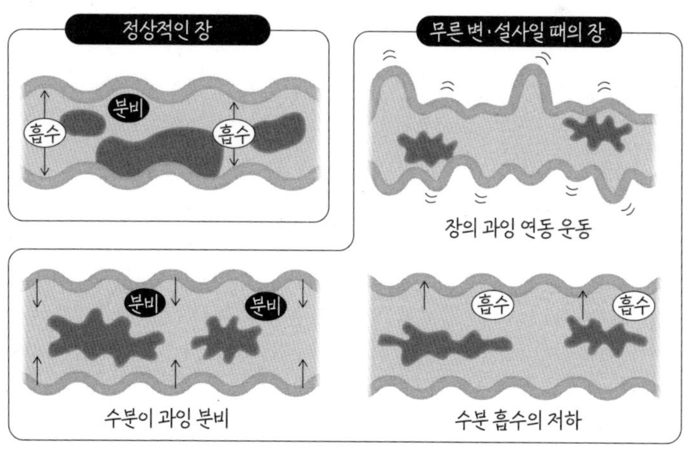

섞여서 입을 통해 감염되므로 가족 등에게 2차 감염이 일어나
지 않도록 주의해야 한다.

식중독에 걸리지 않으려면?

세균이나 바이러스로 인한 식중독을 예방하는 데 효과적인 방
법은 진공 보존으로 증식을 방지하거나 가열해 살균하는 것이
다. 그러나 황색포도상구균의 독소처럼 열에 강한 경우나 보툴
리누스균처럼 산소 없는 환경에서도 잘 자라는 경우가 있기 때
문에 ‘묻히지 않기’, ‘증식시키지 않기’, ‘씻어내기’, ‘철저히 소독
하기’가 중요하다. 냉장고나 냉동고는 ‘증식시키지 않는’ 데는 효
과적이지만 살균에는 도움이 안 되므로 일시적인 보관 장소일
뿐이라고 생각하자.

식중독에 걸리면 대부분의 경우 복통·발열·오한·구토와 함
께 심한 설사를 하게 되므로, 이런 증상이 나타났다면 병원에서
진찰을 받아야 한다. 설사는 균을 몸 밖으로 내보내려 하는 생
리적인 반응이므로 전문가도 아니면서 마음대로 판단해 지사
제 등을 복용하면 오히려 병을 키워 병이 장기화될 수도 있다.

병원에서 진찰을 받을 때 의사에게 알려야 할 정보는 설
사·구토의 상태와 횟수, 경과, 체온 등의 증상 이외에 ‘의심되는

식품을 먹었는지', '주변에 같은 증상이 나타난 사람이 있는지', '해외여행을 갔었는지', '약을 먹고 있는지' 등이다.

기본적으로 발열, 혈변, 심한 복통, 구토 등의 증상을 동반하는 급성 감염성 설사는 반드시 병원 진찰을 받아야 한다.

설사할 때 수분 공급은 매우 중요

설사를 할 때는 수분 공급이 매우 중요하다. 건강한 상태일 때 소장과 대장에서 흡수하는 수분의 양은 하루에 약 9리터나 된다. 그런데 음식물이 장 속을 통과하는 속도가 빨라지면 수분 흡수가 원활히 이루어지지 못하기 때문에 우리 몸에 수분이나 영양이 부족해진다. 처음에는 스포츠 음료 등으로 수분과 영양을 보충하고, 증상이 가라앉으면 미음이나 죽 등으로 시작해 서서히 평소의 식사로 돌아간다.

구토와 설사로 인해 탈수 증상이 있을 때는 경구 수액이 효과적이다. 경구 수액은 탈수 정도가 약하거나 중간인 사람에게 수분과 전해질을 공급하는 데 적합한 환자용 식품이다. 감염성 장염, 감기에 따른 설사·구토·발열을 동반한 탈수 상태, 고령자의 경구 섭취 부족으로 인한 탈수 상태, 과도하게 땀을 흘린 데 따른 탈수 상태 등에 효과적이다.

11

똥이 며칠 동안 안 나오면 변비일까?

변비의 진단 기준

변비는 개인차가 커서 객관적으로 정의하기 어렵다. 동일인이라 해도 배변의 횟수나 양은 식사 내용과 양에 따라 달라지며, 배변 횟수도 보통은 하루 1회지만 일주일에 3회 이상이면 일반적으로 정상이라고 볼 만큼 정상의 범위가 넓다.

Rome III 변비 진단 기준은 변비를 진단하기 위해 국제적으로 사용되는 기준으로, 일과성 증상과 구별하기 위해 다음의 자각 증상이 최근 3개월 동안 나타나야 하고, 최소 6개월 전에 시작되어야 한다고 규정하고 있다.

① 변비는 다음의 기준 중 두 가지 이상에 해당한다.

- 배변 4회에 1회 이상은 힘을 줘야 변이 나온다.
- 배변 4회에 1회 이상은 딱딱한 변이나 덩어리가 된 변이 나온다.
- 배변 4회에 1회 이상은 잔변감이 있다.
- 배변 4회에 1회 이상은 항문이 막힌 것 같은 느낌이 있다.
- 배변 4회에 1회 이상은 배변을 쉽게 하기 위해 손을 사용한다(용수(用手) 배변, 골반저 지지 등).

② 설사가 아니라면 부드러운 변이 거의 나오지 않는다.

③ 과민성대장증후군의 진단 기준을 충족하지 못한다.

따라서 다음과 같은 경우가 변비 치료의 대상이 된다.

① 양과 횟수가 매우 적은 경우.

② 변이 매우 딱딱해서 배변이 곤란한 경우.

③ 배변 후에 잔류감이 있는 경우.

일주일에 한 번밖에 배변하지 않더라도 본인이 전혀 고통스럽지 않고 일상생활에 아무런 지장이 없다면 그다지 신경 쓸 필요는 없다.

기질성 변비와 기능성 변비

변비는 크게 기질성 변비와 기능성 변비로 나뉜다. 기질성 변비는 염증이나 대장암처럼 질병으로 인해 대장이 구조적으로 막혀서 생기는 변비다. 반면 기능성 변비는 대장의 기능에 문제가 생겨서 발생한다.

우리가 일반적으로 이야기하는 '변비'는 기능성 변비를 가리킨다. 기능성 변비는 다시 경련성 변비, 이완성 변비, 직장성 변비로 나뉜다.

경련성 변비는 부교감 신경의 과도한 긴장이 원인으로, 여행할 때 흔히 발생한다. 설사와 변비를 반복하는 경우가 많은 것이 특징이다. 이완성 변비는 쌀을 주식으로 섭취하는 아시아인에게 많은 유형의 변비다. 장의 연동 운동이 약해서 똥이 아래로 잘 나아가지 않기 때문에 발생한다. 고령자나 계속 누워 있는 사람에게서 많이 발생하며 수분이 지나치게 흡수된 탓에 딱딱하고 굵은 변이 된다는 특징이 있다. 직장성 변비는 변이 직장에 들어왔음에도 변의가 일어나지 않고 배변 반사가 약화된 상태다. 항상 배변을 참았거나 변비약이나 관장을 남용했거나 아침 식사를 거르는 식생활을 하는 사람에게서 많이 볼 수 있다. 특징은 딱딱한 변을 조금씩 나눠서 보게 된다는 것이다.

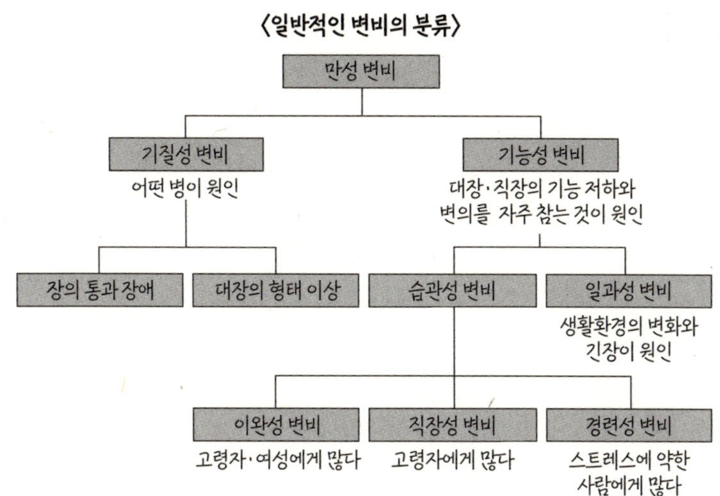

변비를 예방하는 생활 습관

매일 적당한 운동을 하고 충분한 수면을 취하며 화장실 가는 시간을 정한다. 일정한 생활 리듬을 만들면 매일 정해진 시간에 배변할 수 있게 된다. 특히 배변을 촉진하는 대장의 연동 운동은 아침에 활발하게 일어나므로 아침 식사를 거르지 않고 아침 일정 시간에 화장실 가는 습관을 만드는 것이 도움이 된다.

✖ 변의를 참는다	✖ 운동 부족
✖ 아침 식사를 거른다	✖ 스트레스
✖ 과도한 소식	✖ 잦은 설사약 복용
✖ 수면 부족	✖ 여성 호르몬의 영향(생리 전)
✖ 저녁형 생활	✖ 특정 병이나 약의 영향
✖ 냉증	✖ 후유증(장관의 유착)
✖ 수분 부족	✖ 나이(장 기능의 저하)

또한 스트레스가 쌓이지 않도록 휴식이나 기분 전환을 도모할 필요도 있다. 그리고 가장 신경 써야 할 것은 식사의 내용이다. 하루 세 번, 식사 내용으로는 식이섬유나 녹황색 채소를 의식적으로 섭취하자. 섭취하는 식이섬유의 양이 적으면 똥의 부피가 작아지는데, 그러면 대장에 자극을 줄 수 없다.

과식, 편식, 간식, 냉식, 불규칙한 식사 등은 배변의 큰 적이다. 매일 규칙적으로 즐겁게 생활하는 것이 변비 예방에 가장 효과적이다.

배변을 촉진하는 관장의 원리

변비가 심해지면 식욕이 없어지고 구역질이나 복통이 나타난다. 엑스선 촬영을 해보면 대장에 똥이 가득 차 있는 것을 확인할 수 있다. 이럴 때 의사의 조치는 관장을 하거나 설사를 일으키는 설사약(하제)을 투여하는 것이다.

관장은 항문과 직장을 경유해서 장내에 액체를 주입하는 의료 행위다. 본래 의료 기관에서 실시하는 관장은 주로 세 가지 기능을 했다. 첫째는 배변의 촉진, 둘째는 영양의 보급, 셋째는 약의 주입이다. 다만 영양의 보급은 점적 주사로, 약의 주입은 좌약으로 대체되었기 때문에 현재는 배변의 촉진 이외의 목적으로 관장이 실시되는 일은 거의 없다.

설사약도 배변 촉진에 사용되지만 그렇다고 관장의 역할이 사라진 것은 아니다. 가령 분만 전에는 진통의 촉진이나 태아의 감염을 방지하기 위해 관장을 실시하며, 고령자나 사고 등으로 하반신이 마비된 환자 같이 배변이 어려운 사람에게는 관장이 필요불가결한 수단이다. 또한 수술이나 검사 전에 장 속을 세척할 때도 사용된다.

관장약은 대부분 글리세린이 주성분이다. 글리세린은 물에 녹으며 미끈미끈한 액상의 물질이다. 글리세린을 50퍼센트로 희석한 다음 성인의 경우 약 60밀리리터를 주입한다. 주입된 글리세린 용액은 장벽에서 수분을 흡수하며 직장을 자극한다. 이것이 장의 연동 운동을 촉진하고 변의를 일으키는 것이다.

변비 치료를 위한 설사약의 작동 원리

변비의 치료에는 주로 설사를 일으키는 설사약을 사용한다. 장관의 연동 운동을 촉진해 장의 내용물이 쉽게 나오도록 하거나 똥을 부드럽게 만들고 똥에 수분을 흡수시켜서 부피를 늘리는 역할을 한다. 변비 치료뿐만 아니라 식중독이나 약물 중독, 위나 장관의 엑스선 조영 검사 후에 장의 내용물을 최대한 완전히 배설시키려는 목적으로도 사용된다.

설사약에는 크게 기계적 설사약과 자극성 설사약 두 종류가 있다.

기계적 설사약

수분의 양이 감소해 딱딱해진 똥에 수분을 증가시킴으로써 똥을 부드럽게 만들어 항문으로 배출시키는 유형의 설사약으로, 산화마그네슘이 주성분이다. 이것은 불용성 분말이지만 대량의 물과 함께 섭취하면 위에서 위산의 염산과 반응해서 수용성인 염화마그네슘이 된다. 위 속에서는 위산의 산성을 약화시키는 제산제로 기능한다.

염화마그네슘은 물에 녹은 상태로 소장에서 일부 흡수되기는 하지만 대장에 이르러 똥과 섞여 똥의 염분 농도를 높이며, 그 결과 똥의 수분 유지 기능이 강해진다.

참고로 산화마그네슘 설사약은 안전성이 높다고 생각되지만 신부전 환자의 경우 고마그네슘혈증의 위험성이 높아지기에 주의해야 한다.

자극성 설사약

소장이나 대장을 자극함으로써 변을 배출시키는 유형의 설사제다. 장벽이나 장의 신경을 직접 자극해서 장의 연동 운동을 촉진해 배변을 유도한다.

시중에 판매되는 변비약은 대부분 자극성 설사약 유형이다. 특징은 연동 운동과 함께 배가 조금 아플 수 있다는 점과 처음에는 효과가 좋지만 점차 효과가 떨어진다는 점이다. 설사약에 익숙해지다 보면 오히려 심한 변비가 생길 위험이 있으므로 일주일 이상의 복용은 피하는 것이 바람직하다.

자극성 설사약에는 비사코딜이나 안트라퀴논계, 피마자기름, 올리브기름 등이 있다. 안트라퀴논계는 알로에나 센나, 대황 등의 생약에 들어 있는 물질이다. 장기간에 걸쳐 상용하면 간 기능 장애, 췌장염, 피부 장애 등이 발생하는 것으로 보고되었다. 한편 피마자기름이나 올리브기름은 부작용이 비교적 적은 것으로 알려져 있다.

설사약을 다이어트 약으로 사용하는 것은 금물

건강하게 살을 빼기 위해서는 체지방을 조금씩 줄여야 하지만, 몸속의 수분이 줄어들어도 일단 체중 자체는 감소한다. 그래서 똥과 오줌을 배출해 '살이 빠진 기분'이 들게 하는 다이어

설사약의 작용

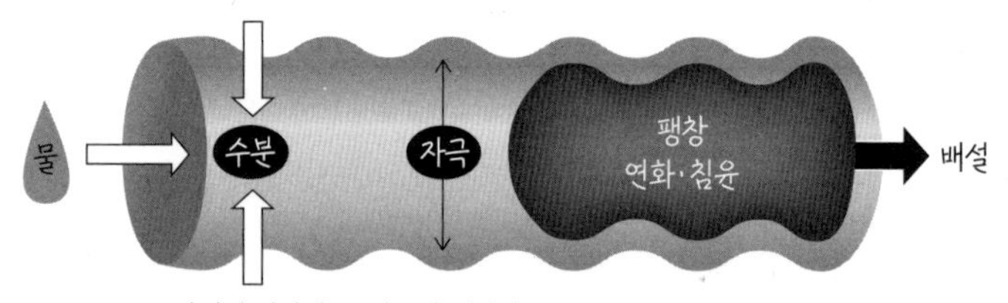

기계적 설사약은 똥의 수분을 늘리며, 자극성 설사약은 장(주로 대장)을 자극해서 배변을 용이하게 만든다

트용 보조 식품 등이 있다. 그런 보조 식품의 성분은 설사약이
나 이뇨제로, 건강한 사람이 남용하면 몸을 망치게 된다.

설사약을 남용하는 사람의 90퍼센트 이상이 날씬한 몸매를
원하는 여성들이다. 남용하는 사람은 설사약의 사용을 신고하
지 않거나 강하게 부정하는 경우도 있기 때문에 실상을 파악하
기가 쉽지 않다.

설사약을 사용해서 설사를 하고 나면 장의 내용물이 쌓여야
배변이 이루어지기 때문에 다음 배변까지 며칠이 걸린다. 그런
데 이것을 변비로 오해하고 설사약의 사용량을 늘리거나 더 강
력한 설사약을 사용하는 사람들이 있다. 이 경우 약에 의지해야
배변을 할 수 있는 설사약 의존증이 되거나 장이 정상적으로 기
능하지 않게 되는 등 건강을 해칠 위험이 있다.

Part II

똥 이야기

병균, 파일로리균, 장내 세균총,
유산균 · 비피더스균

12

인류에게 이롭기도 하고 해롭기도 한 세균

'세균=병균'이라는 이미지는 어떻게 만들어졌을까?

세균이라고 하면 무의식중에 '병균'을 떠올리는 경향이 있다.

의학 미생물학 분야의 핵심 연구 주제는 병원성 세균이었다. 병원성 세균을 이해하고 그것과 싸우는 것이 연구에서 가장 중요한 일이었다.

콜레라균 같은 병원체가 발견되기 이전, 사람들은 나쁜 공기(장기瘴氣), 즉 미아즈마(Miasma)를 들이마시면 병에 걸린다고 생각했다. 미아즈마는 '불순물', '오염', '더러움'을 의미하는 그리스어다. 사람들은 미아즈마가 원인이 되어 병에 걸린다는 믿음을 기반으로 공중위생 문제의 대책을 세웠다.

17세기 말엽, 직물 가게를 운영하던 네덜란드인 안토니 판 레이우엔훅은 유리구슬을 갈아서 현미경을 만들었다. 그는 이 현미경을 사용해 맨눈으로는 볼 수 없는 아주 작은 세계를 닥치는 대로 관찰하고 자세히 스케치했다. 플랑크톤, 혈액 속의 혈구 등에 이어 마침내 침 속에 우글거리는 무수한 미생물을 발견했다.

당시는 '생물은 자연적으로 생겨난다'라는 자연발생설과 '생물은 반드시 같은 종의 어미에게서 태어난다'라는 생물속생설이 대립하고 있었다. 쇠고기에 파리가 알을 낳지 않는 이상 쇠고기에서 구더기가 생겨나지 않음은 증명되었지만, 눈에 보이지 않는 미생물에 관해서는 자연발생설을 완전히 부정하기가 어려웠기 때문이다.

그러다 1861년에 루이 파스퇴르가 가늘고 긴 목을 구부린 플라스크를 사용해서 생물은 자연 발생하지 않음을 증명했다. 그리고 독일의 세균학자인 로베르트 코흐가 탄저균을 발견한 것을 계기로 결핵균, 콜레라균 등의 병원균(세균)이 차례차례 발견되었다. 일본에서는 기타자토 시바사부로가 페스트균을, 시가 기요시가 이질균을 발견했다.

이렇듯 인류가 처음으로 발견한 병원성 미생물이 바로 병원성 세균이었다. 세계적인 팬데믹을 수없이 일으켜 막대한 사망자를 낸 병의 원인이 현미경을 사용해야 겨우 볼 수 있는 세균이었던 것이다. 사실 대부분의 세균은 인체에 무해하고 인류에게 유용한 세균도 많다. 그럼에도 '세균=병균'이라는 인식이 널리 퍼진 것은 세균이 질병을 일으키는 원인이라는 이미지가 강해서가 아닐까 싶다.

병균은 '인체에 유해한 세균 등 미생물의 속칭'인데, 인체에 유해하지 않은 세균의 이미지가 떠오르지 않는 까닭에 병균이 세균 전체의 이미지가 되어 버린 것이다.

지구 곳곳에 살고 있는 세균들

세균은 광학 현미경을 사용해서 볼 수 있는 아주 작은 단세포 생물이다. 사람이나 동물의 몸, 토양, 물속, 분진, 먼지 같은 우리 주변의 장소부터 상공 8,000미터까지의 대기권, 수심 1만 미터 이상의 해저, 남극의 빙상 등 지구 곳곳에 살고 있다. 특히 비옥한 토양이나 물속에 많아서 1그램 속에 30억 개가 넘는 세균이 존재한다.

세균은 현재 알려진 것만도 약 7,000종에 이르며 발견되지 않은 종을 포함하면 100만 종 이상이 존재한다고 한다. 그중에는 병원성을 지닌 세균도 있다. 예를 들면 이질, 장티푸스, 콜레라, 파상풍, 디프테리아 등을 일으키는 세균이다. 식중독도 세균이 일으키는 경우가 많다. 식중독을 일으키는 세균에는 장염 비브리오균, 살모넬라균, 보툴리누스균, 포도상구균 등이 있다. 이런 식중독 세균에 오염된 식품은 가열해도 세균이 배출하는 독소가 분해되지 않고 독성을 발휘하는 경우가 많기 때문에 위험하다.

세포는 단단한 세포벽으로 보호되며, 일부는 편모나 섬모가

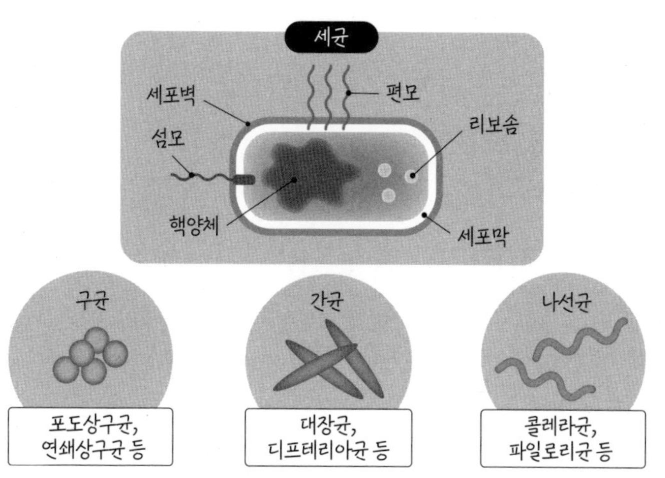

세균은 형태에 따라 구균·간균·나선균으로 나뉜다

생겨 이를 이용해 활발히 운동한다. 세균의 형태는 단순한 구형 (구균) 또는 곤봉 같은 모양(간균)이 대부분이지만 구불구불 휘어진 균(나선균)도 있다.

또한 세균의 종류에 따라 특징적인 공간 배열을 가진 것도 있다. 가령 구균 중에는 포도송이 모양처럼 세균이 모여 있는 것 (포도상구균), 진주 목걸이처럼 이어진 것(연쇄상구균)도 있다.

혹독한 환경에서 살아남기 위해 아포를 만드는 세균

일부 세균(병원균 중에서는 파상풍균, 보툴리누스균, 웰치균, 탄저균 등)은 발육 환경이 나빠지면 몸속에 건조·열·약품 등에 강한 아포(芽胞)라 불리는 구조체를 만든다. 아포의 내부는 극도로 압축되어 수분 함량이 30퍼센트 정도밖에 안 되며, 두껍고 튼튼한 층으로 되어 있어 외부에서 수분이 침입하지 못한다.

아포 상태에서는 증식하지 못하지만 환경이 생존에 적합한 상태가 되면 내부에 수분이 침입해 다시 증식을 시작한다. 증식할 수 있는 일반적인 상태의 세균, 즉 아포를 지니지 않은 형태를 영양형이라고 부르고, 아포를 휴면형 혹은 내구형이라고 부른다.

세균은 어떻게 증식할까?

세균은 한가운데에서 분열을 시작해 완전히 똑같은 것이 두 개 생기는 방식으로 증식한다. 영양이 충분히 공급되고 온도와 pH가 적당하다면 대부분의 세포는 30분에 한 번 정도의 횟수로 분열을 반복한다. 단단한 고형 배지(培地, 미생물이나 세포, 작은 식물 등을 증식시키는 데 필요한 영양소가 들어 있는 액체나 고체-옮긴이) 위에서 20시간 이상이 지나면 세포의 수는 10억~100억 개로 늘어나 육안으로도 확인할 수 있을 정도의 세균 집단(콜로니)을 형성한다.

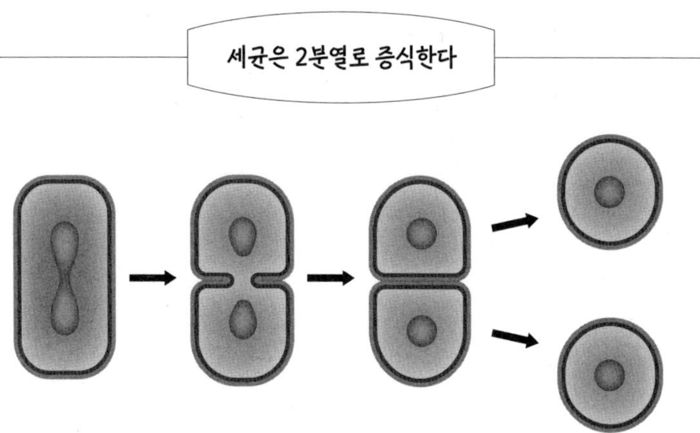

호기성 균과 혐기성 균

세균은 산소가 있어야 증식할 수 있는 호기성 균(산소 호흡을 하는 세균)과 산소가 있으면 증식하지 못하는 혐기성 균으로 크게 나눌 수 있다. 또한 혐기성 균은 산소가 존재하는 환경에서도 생육이 가능한 통성 혐기성 균과 대기 수준의 산소가 존재하는 환경에서는 사멸해 버리는 편성 혐기성 균으로 나뉜다.

가령 유산균의 부류는 통성 혐기성 균으로, 산소가 있든 없든

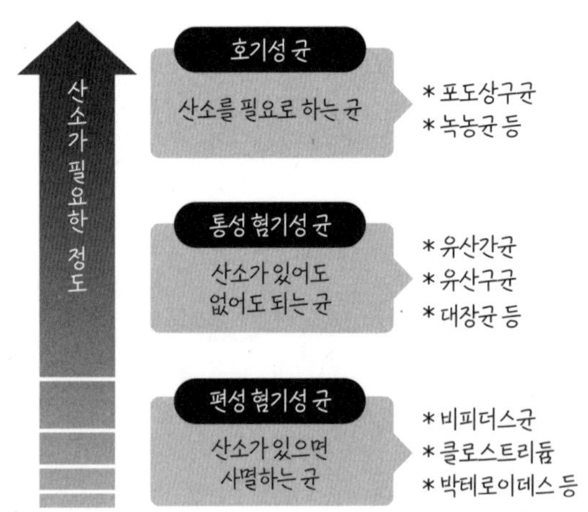

증식할 수 있다. 반면에 비피더스균의 부류는 편성 혐기성 균이어서 산소가 있으면 증식하지 못한다.

병원성 세균과 병원균

병의 원인이 되는 세균을 병원성 세균이라고 한다. 그리고 병원성 세균과 곰팡이 등의 균류(병원성 균류)를 합쳐서 병원균이라고 하며, 병원균에 바이러스와 원충 등을 포함해서 병원체라고 한다.

지구상에 최초로 출현한 생물도 세균의 부류로 여겨지고 있다. 특히 흙 속에는 다양한 종류의 수많은 세균이 존재한다. 세균의 대부분은 인간에게 해를 끼치지 않는다. 뿐만 아니라 항균 물질 같은 의약품이나 요구르트 같은 식품을 만드는 데 도움을 주는 세균도 있다.

만약 지구상에 세균이 없다면 어떻게 될까? 세균은 자연계의 다양한 물질을 분해하여 생태계의 물질 순환을 유지하는 데 필수적인 역할을 한다. 그러므로 세균이 없으면 지구상의 물질 순환이 끊어져 결국 인간이 살아갈 수 없게 될 것이다.

인간의 수명을 늘린 네 가지
첫 번째, 예방 접종

19세기 후반부터 20세기 초에 걸쳐 실시된 공중위생과 질병 대책은 인간의 수명을 기존의 두 배 이상으로 늘렸다.

그 대책 중 첫 번째는 예방 접종(백신)이다. 에드워드 제너(1749~1823)는 소젖을 짜는 여성들이 천연두에 걸리지 않는다는 사실을 알게 되었는데, 그 여성들의 공통점은 천연두와 비슷하지만 증상이 훨씬 가벼운 우두라는 병을 이미 경험했다는 사실이었다.

이에 제너는 '우두에 걸린 소젖 짜는 여성의 농포에서 고름을 채취해 다른 사람에게 주입하면 그 사람도 천연두에 걸리지 않을 것'이라고 생각하고 그 아이디어를 실행에 옮겼다.

1798년에 실시된 이 천연두 예방 접종을 계기로 19세기에는 광견병, 장티푸스, 콜레라, 페스트의 예방 접종이 시작되었고, 20세기에 들어와서는 수십 종류의 감염증에 대한 예방 접종이 시작되었다.

우리 신체의 면역 체계는 예방 접종을 통해서 들어온 항원에 대해 항체를 만들고 그 항체가 진짜 병원체를 몰아낸다.

인간의 수명을 늘린 네 가지
두 번째, 의료 현장의 위생 개념 도입

과거 병원에서는 특히 여성들이 감염증으로 큰 피해를 입었다. 19세기 초엽, 오스트리아에 있는 어느 병원의 산부인과 병동에서는 출산한 여성 중 약 30퍼센트가 사망했다.

그러나 이후 의사가 염소(원소 기호 Cl)가 들어 있는 석회수로 손을 소독하고 나아가 목재의 부패를 방지하기 위해 사용하던 페놀(석탄산)로 기구와 붕대, 상처를 씻어 소독하자 사망률은 크게 낮아졌다.

인간의 수명을 늘린 네 가지
세 번째, 공중위생 대책

콜레라는 감염자의 변에 오염된 물이나 음식물을 입으로 섭취함으로써 감염되는 병으로, 콜레라균의 독소는 심한 설사나 구토를 일으킨다. 사망률은 적절한 치료를 할 경우 2퍼센트로 낮은 수준이지만 치료하지 않고 그대로 방치하면 50퍼센트에 이르며, 중증일 경우는 증상이 나타난 지 수 시간 만에 사망할 수도 있다.

콜레라의 병원균인 콜레라균을 발견한 사람은 독일의 세균학자인 코흐로, 1883년에 발견하고 이듬해에 보고했다. 그런데 콜레라균이 발견되기 약 30년 전인 1855년에 '콜레라의 원인은 물'임을 간파한 인물이 있었다. 영국의 의사 존 스노(1813~1858)다. 1850년경 런던에서는 콜레라가 유행하고 있었는데, 그는 어떤 회사가 공급하는 수도를 사용하느냐에 따라 콜레라로 인한 사망률에 차이가 있다는 사실을 발견했다. 물을 수로로 끌어들이는 입구가 하류에 있어서 오염된 물을 공급하는 수도 회사의 물을 마시는 가정에서는 콜레라로 인한 사망률이 높았던 것이다.

스노는 1854년에 런던의 브로드 가에서 콜레라가 유행했을 때 어떤 집에서 사망자가 나왔는지, 어떤 집이 어떤 물을 마셨는지를 집집마다 찾아가 조사하고 지도에 기록했다. 그리고 대부분의 사망자가 브로드 가 중앙의 우물 주변에 사는 주민이라는 사실을 확인했다.

또한 우물로부터 멀리 떨어진 집에 살면서 콜레라에 걸린 주민은 우물 근처의 학교에 다니거나 우물 근처의 레스토랑 또는 카페를 이용한 적이 있다는 사실도 알게 되었다. 한편 우물 근처라 해도 직원이 70명이나 되는 맥주 공장에는 중증의 콜레라에 걸린 사람이 없었다. 공장 직원들은 우물물 대신 맥주를 마셨기 때문이었다.

그는 곧 우물에 있는 펌프의 레버를 제거하고 우물 사용을 금지하자 콜레라의 유행이 멈췄다. 이후의 조사에 따르면 이 우물 근처에 있는 정화조에 콜레라 환자의 분변이 섞여 들어갔으며, 정화조와 우물이 90센티미터밖에 떨어져 있지 않았다고 한다.

스노는 브로드 가의 우물로 흘러드는 물을 염소로 소독했다. 그리고 19세기가 끝날 무렵에는 공중위생 대책으로서 상하수도의 정비가 진행되었다.

인간의 수명을 늘린 네 가지
네 번째, 항생 물질의 등장

스코틀랜드의 생물학자인 알렉산더 플레밍(1881~1955)은 제1차 세계대전 중에 프랑스의 서부 전선에서 부상병을 치료했는데, 병사가 패혈증으로 차례차례 사망하는 것을 막을 수가 없었다. 그 후 전쟁이 끝나 영국으로 돌아온 플레밍은 붕대를 페놀에 담그는 소독법을 발전시키기로 결심했다. 그는 얼마 후 콧물 속에 천연 항균제가 있음을 발견하고 그것을 리소자임이라고 명명했다. 그러나 페놀도 리소자임도 상처의 내부로 침투하지는 못하기 때문에 상처가 곪는 것을 막을 수 없었다.

수년 후인 1928년, 포도상구균을 연구하던 플레밍은 휴가를 마치고 실험실로 돌아왔다. 실험실의 책상 위에는 치우지 않은 배양 접시가 잔뜩 있었고, 거기에는 다양한 색의 곰팡이가 피어 있었다. 그런데 그 배양 접시 중 하나를 손에 든 플레밍은 자신도 모르게 탄성을 질렀다.

"푸른곰팡이가 포도상구균을 녹였잖아!"

이 푸른곰팡이(페니실리움)가 만들어내는 액체가 화농균도 폐렴균도 녹여버렸던 것이다. 그는 이 물질에 페니실린이라는 이름을 붙이고 보고했지만, 사람들은 그다지 관심을 보이지 않았다.

1940년, 옥스퍼드 대학교의 하워드 플로리(1898~1968)와 언스트 체인(1906~1979)은 플레밍의 연구를 '재발견'했다. 그들은 푸른곰팡이에서 페니실린을 매우 순수한 분말의 형태로 추출해 항생 물질 제1호로서 실용화의 첫발을 내디뎠다.

미생물이나 세균의 생육을 저지하는 물질을 항생 물질이라고 한다. 보통 미생물에서 만들어지거나 화학적으로 합성된다. 항생 물질 제1호인 페니실린은 특정 감염증에 놀라운 치료 효과를 나타내는 것으로 확인되어 급속히 확산되었다.

처음에는 푸른곰팡이의 생합성을 통해 천연 페니실린을 생산했지만, 1950년대에 페니실린의 분자 구조가 밝혀지자 천연 페니실린을 화학적으로 부분 변화시킨 반합성 페니실린이 등장해 주류를 차지하게 되었다. 현재는 화학 구조가 다른 각종 페니실린이 생산되고 있으며 폐렴을 비롯한 수많은 화농성 질병 외에 패혈증, 산욕열, 매독 등에 뚜렷한 효과를 발휘하고 있다.

1944년에는 셀먼 에이브러햄 왁스먼(1888~1973)이 토양 속에서 결핵균이 죽는다는 사실로부터 힌트를 얻어 방선균의 배양액에서 결핵균에 효과가 있는 스트렙토마이신을 추출했다. 이 새로운 항생 물질의 발견은 결핵의 사망률을 크게 낮췄다.

참고로 항생 물질은 병의 원인이 되는 병원체인 세균을 죽이거나 증식을 억제함으로써 세균 감염증에 매우 큰 효과를 발휘하지만, 세균 감염증 이외의 병에는 효과가 없다.

현재는 항생 물질을 좀 더 올바른 명칭으로 불러야 한다는 이유로 더 넓은 범위의 개념인 항균제라고 부르기도 한다. 항생 물질(항균제)은 각각 특정 범위의 세균에 효과가 있지만 바이러스나 진균(곰팡이)에는 효과가 없다. 바이러스나 진균에 효과가 있는 약은 각각 항바이러스제, 항진균제로 불린다. 가령 감기나 기관지염은 대부분의 경우 바이러스가 원인이기 때문에 항균제가 직접적인 효과를 발휘하지 못한다.

항생 물질에 저항성을 가진 내성균의 등장

이후에도 수많은 항생 물질이 발견되면서 항생 물질은 지극히 평범한 약이 되었고, 덕분에 그동안 인류를 괴롭혀왔던 결핵, 페스트, 티푸스, 이질, 콜레라 등의 감염증을 몰아낸 것처럼 보였다. 그러나 인류가 마음을 놓은 것도 잠시, 세균은 곧바로 역습을 개시했다. 항생 물질이 듣지 않는 '내성균'이 출현한 것이다.

이런 내성균 중에서 병원 등의 의료기관에서 감염되는 원내 감염으로 현재 가장 문제가 되고 있는 것이 '메티실린 내성 황색포도상구균(MRSA)'이다. 메티실린은 내성균에 강한 항생 물질로 등장했는데, MRSA는 이것조차도 효과가 없는 포도상구균이다. 처음에는 감염증을 일으키는 포도상구균의 10퍼센트 정도만이 MRSA로 생각되었지만 현재는 60퍼센트가 넘는 것으로 추정되고 있다.

항생 물질 반코마이신은 1956년에 사용된 이래 40년 이상 내성균이 등장하지 않아 MRSA 치료의 최후 대응책으로 사용되어왔다. 그런데 20세기 말에 반코마이신 내성 장구균(VRE)의 출현이 보고된 데 이어 이후에도 반코마이신에 내성을 지닌 균이 차례차례 발견되었다.

현재 마지막 선택지로 여겨지고 있는 것은 2000년에 발매된 리네졸리드다. 인공 합성물인 리네졸리드는 기존의 항생 물질과 완전히 다른 메커니즘으로 세균의 증식을 억제한다. 그러나 이탈리아와 독일 등 몇몇 국가에서는 리네졸리드 내성 MRSA도 조금씩 보고되고 있는 상황이다.

내성균을 만들어내는 원인 중 하나로 항생 물질의 남용이 지적되고 있다. 항생제의 무분별한 이용을 중지하고 필요할 때 정해진 양을 사용해 병원체를 완전히 제거하려는 노력이 필요하다. 예전에는 감기가 중증으로 발전하는 것을 막기 위해 항생제를 처방하는 경우가 많았지만 현재는 항생제를 무조건 처방하는 일이 줄어들었다. 이러한 변화의 배경에는 바로 내성균 문제에 대한 대책이 자리하고 있다.

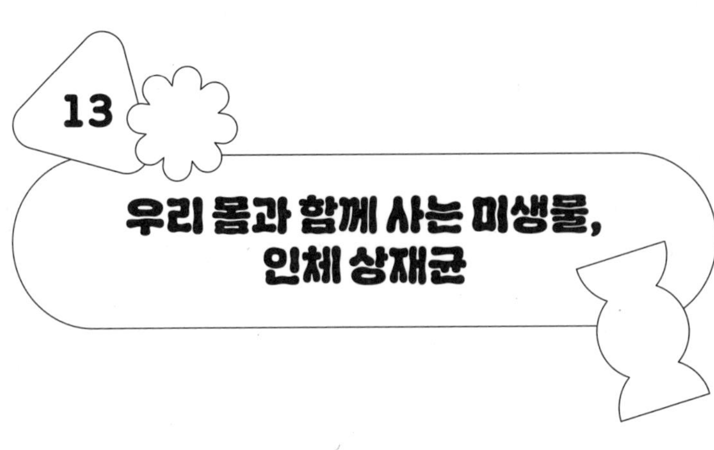

사람의 몸에는 100조 개 이상의
인체 상재균이 존재한다

1900년대 초, 과학자들은 사람의 장 속에 방대한 수의 세균이 살고 있다는 사실을 알게 되었다. 그러나 이 세균들이 왜 그곳에 있는지, 사람의 건강에 어떤 영향을 끼치는지 등에 관해서는 정확히 알지 못했다.

주로 건강한 사람의 몸에 일상적으로 살고 있는 세균을 상재균이라고 한다. 장 속에 많이 존재하며, 입속이나 피부 표면, 눈, 코, 목에서 폐까지의 기관, 요도, 여성의 생식기에도 살고 있

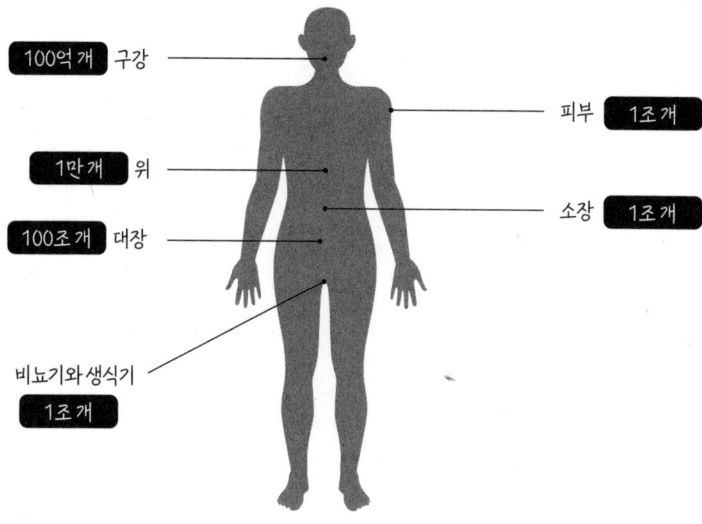

다. 인체 상재균은 그 수도 엄청나서 대장을 비롯한 장 속에 약 100조 개, 입속에 약 100억 개, 피부에 약 1조 개가 존재한다.

태아는 태어나는 순간 세균을 몸에 두른다

엄마의 배 속에 있는 태아는 난막에 둘러싸인 양수 속에서 완전한 무균 상태로 성장한다. 그래서 엄마의 배 속에 있는 태아에게는 상재균이 없지만, 태어날 때 산도를 통과하는 과정에서 엄마의 상재균 중 일부가 아기의 입과 코, 항문에 달라붙는다.

아기가 이 세상에 얼굴을 내밀면 바로 옆에 엄마의 엉덩이가 있고 엄마의 변이 있기 때문에 장내 세균을 입으로 들이마시게 된다. 엄마에게 받은 세균은 자연 분만일 경우 태어난 지 24시간 이내에 1,000억 개 이상으로 불어난다고 한다. 또한 분만실의 공기 속에는 의사, 조산사, 간호사, 입회인 등이 뀐 방귀와 함께 그들의 장내 세균도 떠다니고 있으며, 아기는 그것도 들이마신다.

제왕절개술로 태어난 아기에게서는 엄마와 동일한 세균이 검출되지 않는다. 엄마의 산도를 지나오지 않았기 때문이다. 그래도 장 속에서는 세균이 살게 된다.

우리 몸에는 장내 세균을 비롯해 피부, 기도 등 여러 장기에 다종다양한 세균과 바이러스가 살고 있다. 우리는 성장하는 과정에서 외부 세계에 있는 수많은 균을 받아들인다. 이렇게 해서 방대한 종류와 수의 상재균과 함께 살게 되는 것이다.

피부 상재균이 하는 일

이번에는 피부 상재균의 예를 통해 인체 곳곳에 살고 있는 상재균이 하는 일을 이해하기 쉽게 알아보자. 피부의 땀샘에서 나오는 땀은 99퍼센트 이상이 물이고 나머지의 대부분은 염화나트륨이며 그 밖에 요소와 유산 등이 들어 있다. 요소는 몸속에서 생긴 유독한 암모니아를 간에서 처리한 결과 생긴 것이다.

피부는 면적을 기준으로 했을 때 약 1.5제곱미터에서 1.7제곱미터에 이르는 최대의 배설 기관이다. 우리의 피부에는 많으면 1제곱센티미터당 10만 개가 넘는 세균이 존재한다. 대표적인 피부 상재균은 표피포도상구균으로, 피지를 먹이 삼아 분해해 산을 만듦으로써 피부 표면을 약산성으로 유지한다. 이렇게 하면 약알칼리성을 좋아하는 황색포도상구균이나 곰팡이 등의 증식을 억제할 수 있기에 황색포도상구균이나 곰팡이로부터 몸을 보호할 수 있다. 피부가 촉촉하고 윤기가 난다면 이 표피포도상구균이 활발하게 활동한다는 증거다.

그러나 피부에 트러블(이상)이 발생하기도 한다. 평소에는 특별한 영향을 주지 않던 균이 어떤 계기로 급격히 증식하는 경우가 있는 것이다. 예를 들어 건강한 사람이라도 약 30퍼센트는 콧속이나 손가락 등에 황색포도상구균을 갖고 있다고 한다. 이 균을 갖고 있다고 해서 금방 병에 걸리는 것은 아니지만, 상처 등을 통해서 몸속으로 들어오면 증식해서 염증을 일으키고 고름이 생기는 '화농'을 유발할 때가 있다.

얼굴을 씻으면 상재균은 어떻게 될까? 씻기기 쉬운 곳의 상재균은 씻겨 내려가지만, 보통은 털구멍 속에 남아 있던 균이 금방 증식하기 시작해 30분에서 2시간 정도면 원래대로 돌아간다. 그런데 클렌징이나 세정제를 사용해서 세안하면 피부가 알칼리성으로 기울어서 푸석푸석해지며, 그렇게 되면 상재균인 표피포도상구균이 살기에 좋지 않은 환경이 된다. 식중독이 걱정된다고 해서 과도하게 손을 씻으면 오히려 피부 상재균의 보호막 기능이 저하될 수 있는 것이다. 이렇게 되면 오히려 손이 거칠어지거나 감염의 원인이 될 우려가 있다. 상재균을 생각한다면 너무 자주 씻지 않는 것이 중요하다.

최대의 인체 상재균은 장 속에 존재한다

소장의 상부에는 균의 수가 적다. 이것은 분비된 담즙 속의 담즙산이 가진 계면활성 작용이 세균의 세포막을 녹여 살균 효과를 내기 때문이다. 그러나 소장의 하부로 갈수록 균의 종류와 수가 증가하며, 대장에 이르면 방대한 수의 다종다양한 균이 존재하게 된다. 대장 속의 균은 대부분 혐기성 균이다.

장 속에는 1,000종류, 100조 개 정도의 세균이 사는 것으로 알려져 있다. 무게로는 약 1.5킬로그램에 이른다고 한다. 과거에는 똥 속의 세균을 배양해서 조사한 결과 100종류 정도가 살고 있는 것으로 파악되었지만, 세균의 DNA를 추출해서 식별한 결과 배양이 어려운 세균이 다수 존재하는 것으로 밝혀져 그 수가 늘어났다.

신생아의 경우, 탄생 직후에는 장 속에 산소가 남아 있기 때문에 먼저 대장균 같은 통성 혐기성 균이 증가해 산소를 소비한다. 그리고 모유를 먹기 시작해 장내가 혐기성이 되어가면 비피더스균이 폭발적으로 증식하기 시작하며, 이유식을 먹게 되면 비피더스균이 조금씩 감소하고 다른 세균군(群)이 들어오게 된다.

성인의 경우는 박테로이데스 프라길리스, 클로스트리듐 렙툼, 클로스트리듐 코코이데스(2008년부터 블라우티아 코코이데스로 불림) 등의 편성 혐기성 균이 많다. 박테로이데스속은 운동성이 없으며 포도당을 대사하면 아세트산이나 석신산(Succinic acid, 호박산)을 만들어낸다.

이들 장내 세균은 각각의 균이 각각의 영역을 만들면서 군생해 장내 세균총을 구성한다. 장내 세균총은 같은 종류의 균이 장의 벽면을 뒤덮고 자라는 모습이 마치 꽃밭에 식물이 군락을 이룬 것과 비슷하다고 해서 장내 플로라라고도 불린다. 다만 장내 세균을 구성하는 세균 중에는 어떤 성질을 지녔는지 알지 못하는 것이 여전히 많다.

장내 세균을 크게 유익균과 유해균, 어느 쪽도 아닌 중간 균이라는 세 그룹으로 나누기도 하는데, 이것은 지나치게 단순한 분류라고 할 수 있다. 장내 세균의 대부분은 아직 밝혀지지 않았기 때문에 때와 상황에 따라 '이로운 일을 하면서 해로운 일을 한다'고 이해하는 것이 바람직하다. 가령 흔히 유해균으로 인식되는 대장균의 종류는 무려 170가지가 넘는다. 그중 일부는 장출혈성 대장균 O-157로 대표되듯이 식중독을 일으켜 위험하지만, 대부분의 대장균은 비병원성이다. 그런 대장균은 장내에서 비타민을 합성하거나 유해한 세균의 증식을 억제해 인체의 건강에 기여하고 있다.

무균 쥐는 1.5배 오래 산다

무균 쥐는 장내 세균총 연구에 널리 활용되는 실험동물이다. 무균 상태인 어미의 자궁에서 제왕 절개로 새끼를 꺼낸 뒤 무균 환경에서 사육해 얻는다. 또한 무균 쥐에 이미 알고 있는 미생물을 투여, 정착시킨 쥐를 '노토바이오틱 마우스'라고 부른다. 노토바이오틱 마우스를 활용하면 정착시킨 장내 세균이 어떤 기능을 하는지 알 수 있다.

장내 세균총을 가진 쥐와 무균 쥐 중 어느 쪽이 더 오래 사는지를 조사한 연구가 있는데, 무균 쥐가 1.5배 더 오래 사는 것으

로 나타났다. 무균 쥐는 감염증이 없는 무균의 환경에서 사는
까닭에 병원성 미생물에 대처하지 않아도 된다는 점에서 유리
한 것으로 해석된다. 물론 무균 환경에서 사는 것은 현실적이지
않지만, 평범하게 생각하면 장내 세균총이 그 소유자의 노화나
수명에 오히려 부정적인 영향을 미친다는 것을 암시하는 결과
라고 할 수 있다.

장내 세균총을 구성하는 세균들은 살기 위해 대사를 실행함
으로써 장내에 다양한 물질을 분비하고 영향을 끼친다. 그중에
는 인체에 유용한 것도 있고 유해한 것도 있을 것이다.

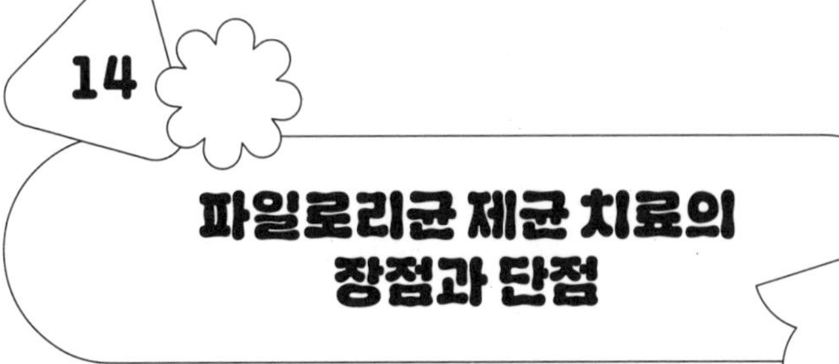

강한 산성인 위에 세균이 살고 있을 줄이야!

위의 내부에는 염산이 있어 입을 통해 위 속으로 들어온 세균은 대부분 죽는다. 이처럼 위의 내부는 세균이 살기에 적합하지 않은 환경이기 때문에 오랫동안 사람들은 위에서 사는 세균은 없다고 생각해왔다. 그런데 1982년에 호주의 젊은 소화기내과 의사이자 미생물학자인 배리 마셜이 인간의 위 점막에서 나선형의 세균을 분리 배양하는 데 성공했다.

발견자인 마셜은 본인이 직접 실험체가 되었다. 파일로리균을 입으로 섭취한 것이다. 그리고 섭취한 지 일주일 뒤, 그의 위

점막에서 파일로리균의 존재가 증명되었으며 내시경 검사에서 위염 소견이 발견되었다. 또한 이틀째부터 상복부 통증이 시작되어 5~6일째에 정점을 맞이한 뒤 급속히 약해졌고, 2주 후에는 파일로리균이 위에 존재함에도 위 부위의 통증이 완전히 사라졌다. 이렇게 해서 파일로리균이 인간에게 위염을 일으킨다는 사실이 증명되었다.

정식 명칭이 헬리코박터 파일로리인 파일로리균은 균체 끝에

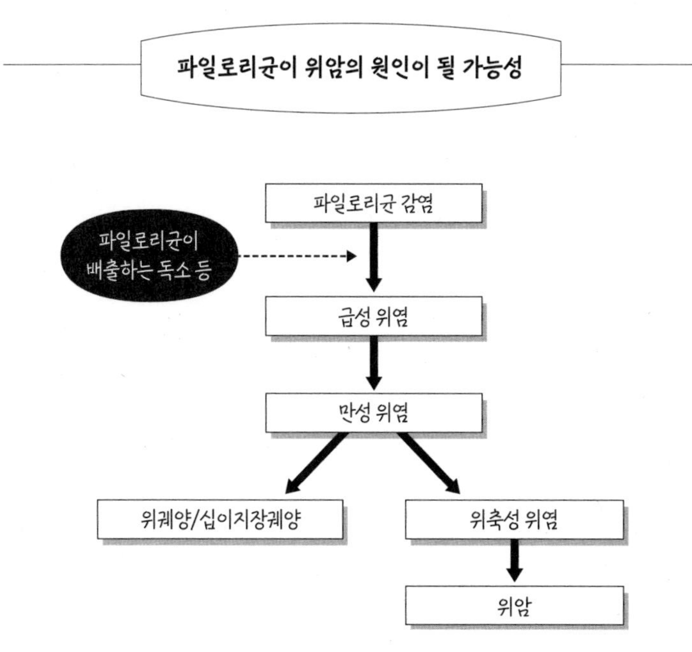

여러 개(4~8개)의 편모를 가진 나선형의 세균이다. 면역 기능이 미숙한 어린 시절에 부모가 음식물을 대신 씹어서 먹이는 등의 행위를 통해 감염되어 위에서 증식한다.

파일로리균은 위 점막 속의 요소를 암모니아와 이산화탄소로 분해하는 효소를 배출해 암모니아로 위산을 중화함으로써 위 점막과 점액층에서 살아간다. 파일로리균에 감염되면 감염 후 증상이 나타나기까지 수년에서 수십 년이 걸리는데, 급성 위염이나 만성 위염에 걸리기 쉬워지며 방치하면 위궤양, 십이지장궤양이 반복될 위험이 커진다. 또한 궤양 등의 염증이 있으면 DNA가 손상되기 쉬워지기 때문에 장기간에 걸쳐 위암의 원인이 되는 것으로 알려져 있다.

파일로리균의 감염률은 개발도상국이 비교적 높은 편으로, 성인의 70~80퍼센트에 이른다. 또한 일본인의 경우 40세 이상은 70퍼센트, 20세 이하는 10~20퍼센트가 파일로리균에 감염되었다고 한다. 세대 차이가 큰 것이다(논문 검색과 국가암정보센터 자료에 따르면 한국인 10명 중 6명이 이 균에 감염된 것으로 조사되었다-감수자).

파일로리균 감염 여부는 혈액 검사로 알 수 있다. 검사는 비용도 비교적 저렴하고 신체에 미치는 영향도 적다. 제균 치료에는 항생 물질이나 위산 분비를 억제하는 약을 사용하며, 제균의 성공 여부는 요소 시약을 먹은 다음 내쉰 숨에서 그 요소가 분해된 이산화탄소가 나오는지를 조사하는 요소 호기 검사로 판단한다. 제균 치료를 하면 위산의 분비가 활발해진다.

파일로리균 제균의 장점은 위궤양·십이지장궤양의 재발 방지와 만성 위염의 개선, 위암 발생의 위험이 줄어든다는 점이다. 그러나 제균에는 단점도 있음이 밝혀졌다. 역류성 식도염의 발생 확률이 증가하고 식도암(특히 선암)의 위험이 높아진다.

또한 파일로리균이 건강에 끼치는 영향을 연구하는 그룹의 리더인 마틴 블레이저 뉴욕 대학교 교수는 "위궤양, 때로는 위암을 발생시키는 경우가 있지만, 증거를 자세히 조사해보면 반드시 파일로리균을 근절해야 한다고 판단되는 사람은 지극히 적다. 현재 파일로리균에 유용한 측면도 있다는 증거를 모으고 있으며, 파일로리균이 없는 아이는 천식이나 알레르기에 걸리기 쉽다"라고 주장했다.

파일로리균의 보유율이 세대별로 빠르게 감소하고 있다는 관찰이 있다. 병원균이라는 인식 때문에 제균이 진행되어, 서양에서는 어린이의 6퍼센트만이 파일로리균을 갖고 있다. 블레이저 교수는 20세기 후반에 들어와서 "고대부터 인간의 위 속에 존재해왔으며 거의 모두가 갖고 있던 생물이 본격적으로 사라지고 있다"라며 파일로리균이 위에서 사라지고 있는 현상을 우려

했다. 1만 명에 가까운 사람을 대상으로 대규모 연구를 실시한 결과 모든 연령대에서 파일로리균의 유무가 인간의 사망 위험성에 전혀 영향을 끼치지 않았기 때문이다.

블레이저 교수는 파일로리균의 감소가 마치 탄광의 카나리아처럼 다른 미생물도 곧 사라져갈 것임을 예고하는 지표라고 주장하며, 파일로리균의 이로움과 해로움을 생각하면 '미래에는 의사가 아이에게 일부러 파일로리균을 섭취시킨 뒤 장년이 되었을 때 제균 치료를 할 것'이라고 예상했다.

여담이지만, 나는 위에서 위염 흔적이 발견되어 71세에 파일로리균을 제균했다. 이 이야기를 알기 전의 일이다.

대장 속에서 대장균은
주류파일까, 소수파일까?

대장균은 장내에서 최초로 발견된 세균

장내에 세균이 존재한다는 사실을 발견한 사람은 레이우엔훅이다. 그가 1660년경부터 놋쇠(황동) 판에 구멍을 뚫고 작은 구슬 모양의 렌즈를 끼워넣어서 만든 현미경으로 관찰한 것 중에는 똥 속에 들어 있는 수많은 미생물도 있었다.

세균 연구가 본격적으로 시작되기까지는 그로부터 200년에 가까운 시간이 흘러야 했다. 1862년에 파스퇴르가 당시 사람들이 믿고 있던 '생물의 자연발생설'을 부정했으며, 근대 세균학의 시조로 불리는 코흐가 원하는 세균만을 실내에서 순수 배양하는 기술을 개발하고 콜레라균을 발견했다(1883년). 또한 독일의 게오르크 가프키는 티푸스균의 배양에 성공했다(1884년).

그 무렵, 오스트리아의 테오도르 에셰리히는 모유 수유아의 장내에서 가장 우수하다고 생각되는 세균을 발견해 대장균(박테리움[세균] 콜리[대장])이라는 이름을 붙였다(1885년). 에셰리히는 이것이 대장 속의 대표적인 세균이라고 생각했다. 훗날 대장균의 학명은 발견자의 이름을 따서 에셰리키아 콜리(Escherichia coli)로 개명되었다(1919년).

대장균은 대장 내 극소수파 세균

장내 플로라를 구성하는 세균들의 종류와 수가 알려지자 대장균의 수는 전체 세균의 0.01퍼센트도 안 된다는 사실이 밝혀졌다.

대장균은 통성 혐기성 균으로, 산소가 있든 없든 증식할 수 있다. 그러나 장내 세균의 대부분은 편성 혐기성 균으로, 산소가 없는 상태에서 잘 자라며 산소가 있으면 사멸하는 세균들이다. 에셰리히가 살던 시절에는 이런 세균을 제대로 배양할 수 없었기 때문에 대장균을 장내에서 가장 우세한 세균이라고 여겼다.

대장균은 장출혈형인 O-157 같은 일부 병원성 대장균을 제외하면 소화를 돕고 비타민을 생산하며 장 내용물의 유동을 촉진하고 장관 속에 침입한 유해균을 제거하는 유익한 세균이라고 할 수 있다.

대장균은 증식도 빠르고 검출하기 쉬운 세균이다. 특별한 영양소도 배양 조건도 필요 없으며 단시간에 기하급수적으로 증식한다. 그리고 인간과 포유류의 장내 상재균으로서 어디서든 쉽게 발견된다.

왜 대장균은 더럽다는 이미지를 갖게 되었을까?

병원성 대장균이 아닌 대장균도 위험하고 더럽다는 이미지가 있는 이유는 분변성 대장균군의 수가 해수욕장의 오염도를 판단하는 잣대로 사용되기 때문일지 모른다. 대장균은 사람이나 동물의 똥 속에만 있는 것이 아니라 토양이나 식물에도 있다. 그래서 해수욕장이 똥에 얼마나 오염되었는지 더 정확히 파악하기 위해 분변성 대장균군을 조사하는 것이다. 분변성 대장균군에 오염되어 있다면 병원성인 장내 세균도 포함되어 있을 가능성이 크다고 판단할 수 있다.

참고로, 대장균과 대장균군은 같지 않다. 대장균은 한 종류의 균종이지만 대장균군은 문자 그대로 '대장균과 비슷한 성질을 지닌 세균군(44.5±0.2℃에서 발육하며, 젖당을 분해해서 가스를 생산하는 세균군)'을 가리킨다. 요컨대 대장균군에 대장균이 포함되는 것은 맞지만 '대장균군=대장균'은 아니라는 말이다. 물론 대장균은 대장균군의 주요 세균이다.

생명공학에서 대활약하는 대장균

생명공학(바이오테크놀로지)은 바이올로지(생물학)와 테크놀로지(기술)의 합성어로, 생물이 지닌 여러 기능을 우리 생활에 도움이 되는 방향으로 이용하는 기술의 총칭이다.

생명공학이 갓 탄생했을 무렵, 이 기술의 핵심 키워드는 '클로닝(복제)'이었다. 이것은 유전자를 추출해서 그 유전자와 완전히 똑같은 복제품을 무수히 만들어내는 기술인데, 이때 이용된 미생물의 주류가 바로 대장균이었다.

대장균을 비롯한 미생물을 활용한 생명공학 기술로 수많은 의약품이 생산되고 있다. 그중 하나가 당뇨병 치료제인 인슐린이다. 처음에는 소나 돼지의 췌장에서 채취한 인슐린을 사용했지만, 부작용이 문제가 되어 현재는 사람의 인슐린 유전자를 가진 유전자 변형 대장균을 활용해 인체와 동일한 인슐린을 만들고 있다.

요구르트 예찬론자 메치니코프

'백혈구는 세균을 먹는다'는 식세포설로 노벨상을 받다

러시아의 생물학자인 일리야 일리치 메치니코프는 러시아 남부의 하리코프현(현재는 우크라이나)에서 고등학교를 졸업한 뒤 생물학을 공부하고자 독일로 떠났다. 그러나 다시 돌아와 하리코프(하르키우) 대학교에 입학했다. 이때 독일에서 사 온 책 중에 당시 갓 출판된 다윈의 《종의 기원》이 있었는데, 그는 이 책에 푹 빠져들었다. 그 후 메치니코프는 '오늘날 다양한 생물이 존재하는 것은 처음 하나의 종에서 시작해 여러 환경으로 퍼져 나가면서 그 환경에 더 잘 적응한 개체가 살아남아 번식했기 때문이다'라고 생각하게 되었다.

대학교를 졸업한 메치니코프는 독일의 기센 대학교와 괴팅겐 대학교로 유학을 갔다. 그 후 러시아의 오데사 대학교에서 강의를 시작해 동물학 교수에 임명됐지만, 제정 러시아 정부의 정치적 박해가 심해져 1882년에 쫓겨나듯이 대학교를 퇴임했다. 그 뒤 이탈리아의 시칠리아섬에 개인 연구실을 차리고 해양 생물을 연구했다.

당시 이탈리아에서는 콜레라가 유행하고 있었는데, 메치니코프는 '콜레라균과 접촉해도 병에 걸리지 않는 사람이 존재하는 이유를 진화로 설명할 수는 없을까?' 고민하며 해삼 유생의 소화 작용을 관찰했다. 그리고 해삼 유생을 빨간색 색소로 물들이면 아메바 같은 세포가 모여들어 색소를 먹어치우기 시작하는 것을 보았다. 당시에는 '백혈구가 균을 운반한다'고 믿었다. 그는 아메바 형태의 세포인 백혈구도 세균을 잡아먹을 수 있다고 생각하고 실험을 거듭한 끝에 실제로 백혈구가 세균을 삼켜 소화하는 현상을 발견했고, 1883년부터 1884년에 걸쳐 이를 면역 기능으로 규정하며 '식세포설'이라고 이름 붙여 발표했다. 1908년, 메치니코프는 면역에 관해 연구한 업적을 인정받아 노벨 생리학·의학상을 받았다.

메치니코프의 '불로장수설'

노년이 된 메치니코프는 본격적으로 노화 연구를 시작하려 했다. 그는 노벨상을 받은 1908년에 《낙관론자의 에세이(Essais optimistes)》를 간행했다(영어 번역본은 《생명의 연장: 낙관적 연구(The Prolongation of Life: Optimistic Studies)》로 출간됨).

그의 이론은 '장내 세균과 건강'을 주요 주제로 삼은 역사적으로 유명한 초기 학설로 평가받는다. 메치니코프의 '불로장수설'은 과연 어떤 설이었을까? 그는 '장내 세균이야말로 노화를 일으키는 진짜 원인'이라고 추측했다. 노화는 대장의 장내 세균이 만들어내는 부패 물질로 인한 자가 중독이라고 생각한 것이다. 고등 동물에게는 소장과 대장이 있는데, 소장은 영양분을 흡수하기 위해 반드시 필요한 기관이지만 대장은 똥을 일시적으로 저장해놓을 뿐인 '선조의 유산'으로 이미 필요 없어진 기관이라는 것이 메치니코프의 생각이었다.

다만 당시 이렇게 생각했던 사람은 메치니코프만이 아니었다. 장내 세균은 부패 물질을 배출하기만 하는 존재이며 그 부패 물질에서 발생하는 독소가 설사나 변비, 나아가 피로, 우울증, 신경증을 일으킨다는 인식이 있었다. 그래서 마니아(조병)나 중증의 멜랑콜리(우울증) 환자에게 '불필요한 것을 제거한다'라며 결장 절제 수술을 실시했다. 이 수술은 사망률도 높고 삶의 질을 떨어트리지만, 그럼에도 당시의 의사들에게 높은 평가를 받았다.

메치니코프의 논리는 다음과 같은 것이었다.

"박쥐는 소화관으로서 대장을 갖고 있지 않으며 소화관 속에 세균도 거의 살고 있지 않지만 다른 소형 포유류보다 훨씬 오래 산다. 한편 세균이 많이 사는 대장을 가진 포유류에게는 그 대장 때문에 너무 일찍 죽음이 찾아온다. 대장은 무엇을 위해 존재하는가? 포유류의 대장이 발달한 이유는 멈춰 서서 똥을 누는 일 없이 장거리를 달리기 위해서다. 대장은 단순히 똥을 저장해두는 장소에 불과하다."

메치니코프가 장수법을 생각하게 된 또 다른 계기는 불가리아인 학생에게 "불가리아의 스몰랸 지방에는 장수하는 사람이 많은데, 그 요인 중 하나가 요구르트다"라는 이야기를 들은 것이었다. 그래서 그는 불가리아균이라고 명명한 세균이 젖산을 만들고 이 젖산이 장 속의 세균을 죽인다는 설을 제창했으며, 자신도 요구르트를 대량으로 섭취함으로써 대장을 유산균으로 채워 노화의 원인인 대장 속의 균을 몰아내려고 노력했다.

1916년, 향년 71세로 세상을 떠난 메치니코프는 죽기 전에 병상에서 이렇게 말했다. "나는 쉰세 살에 불가리아 요구르트의 놀라운 효능을 알게 되어 먹기 시작했다. 너무 늦은 시작이었다는 점이 아쉽다. 좀 더 일찍부터 먹었더라면 더 오래 살 수 있었을 텐데……."

메치니코프의 주장은 유럽에 요구르트가 보급되는 한 요인이 되었다. 그러나 훗날 요구르트 속의 대부분의 유산균(불가리아균)이 살아서 장에 도달하지 못한다는 사실이 밝혀짐에 따라 메치니코프의 주장도 잊혀갔다.

불가리아균은
살아 있는
상태로 장에
도달하지
못한대

Yogurt

프로바이오틱스의 대표 세균

슈퍼마켓 선반에 진열되어 있는 발효유 음료

먼 옛날에 양, 염소, 소, 말 등의 가축을 키우기 시작한 인류는 가축의 고기와 모피를 이용할 뿐만 아니라 젖을 짜서 그대로 마시거나 발효시켜서 먹었다. 요구르트, 마스트(이란 등지에서 먹는 발효유), 다히(인도와 네팔의 발효유), 케피르(케피어라고도 한다. 러시아 코카서스 지방의 발효유), 아이락(주로 말젖을 발효시켜 만든 몽골의 술) 등은 전부 1,000년에서 3,000년에 이르는 역사를 자랑하는 발효유 음료다.

요구르트 등의 발효유 음료는 생유보다 보존성(저장성)이 훨씬 좋을 뿐만 아니라 맛도 좋고 영양도 우수하다. 발효유 음료를 만드는 기술은 개량되면서 계승되었고, 그 과정에서 더 품질이 좋은 종균이 선택적으로 사육되어왔다. 현재 각지에 남아 있는 전통적인 발효유 음료에는 각기 다른 종균이 사용되고 있다.

프로바이오틱스란?

사람들은 발효유 음료를 마시면 몸 상태가 좋아지는 것을 경험적으로 깨달았을 것이다. 오늘날에는 발효유 음료를 프로바이오틱스로 여기고 있다. 프로바이오틱스란 인체에 좋은 영향을 끼치는 미생물 또는 그런 미생물들을 함유한 제품이나 식품을 의미한다.

슈퍼마켓의 진열장에는 프로바이오틱스 산업이 만들어낸 여러 종류의 발효유 음료가 빽빽하게 진열되어 있다. 그 밖에 절임, 김치, 낫토 같은 발효 식품도 프로바이오틱스에 포함된다.

유산균과 비피더스균

발효유 음료의 주역은 유산균과 비피더스균이다. 그런데 사실 정식 명칭이 '유산균'인 세균은 존재하지 않는다. 유산균은 당을 분해해서 젖산(유산)을 만드는 균의 총칭이다. 젖산을 만드는 균이라면 유산균이라고 불릴 자격이 있지만, 좁게는 '젖산의 생산율이 50퍼센트가 넘는 균'을 유산균이라고 한다. 이 조건에서도 수많은 종류의 유산균이 존재한다. 인체에서 특히 유산균이 많은 곳은 소장과 여성의 질로, 유산간균속의 유산균이 살고 있다.

비피더스균은 당으로부터 아세트산이나 젖산을 만든다. 젖산의 생산율이 50퍼센트를 밑돌기 때문에 좁은 의미에서는 유산균이라고 말할 수 없지만, 넓게 보면 비피더스균도 유산균의 부류에 속한다.

비피더스균은 특히 모유를 먹고 자란 유아의 장관 속에서 먼저 빠르게 정착한 대장균을 제치고 우세해져가는 것으로 알려져 있다. 음료수의 비피더스균은 1899년에 프랑스의 연구자가 모유를 먹고 자라는 유아의 똥에서 발견한 것이다.

비피더스균은 산소가 있으면 살지 못하기 때문에 산소가 없는 대장의 내부에서 살고 있다.

메치니코프에서 시작된 유산균의 건강 유익설

앞에서도 이야기했듯이, 유산균이 건강에 좋다는 인식의 시작은 미생물학자인 메치니코프까지 거슬러 올라간다. 20세기 초엽에 그는 '대장 속의 세균이 만들어내는 독소야말로 질병과 인지증(치매), 노화의 원인이다'라는 자가 중독설을 제창했고, 동시에 그가 불가리아균이라고 부른 유산균이 젖산을 만들며 그 젖산이 장내 세균을 죽인다고 주장했다.

메치니코프의 주장은 1909년에 조지 허셜이 출판한 《발효유와 순수 배양 유산간균을 이용한 질병 치료》, 그로부터 2년 후에 루돈 더글라스가 발표한 《장수의 간균》을 통해 세상에 널리 알려졌다. 유산간균을 섭취하면 장내에서 증식해 해로운 세균의 성장을 억제하고, 그 결과 건강과 장수를 가져다준다는 것이다.

메치니코프는 당대에 존경받는 과학자였기에 그의 이런 주장은 대중에게 강한 영향을 끼쳤다.

유산균, 비피더스균은 정말로 프로바이오틱스의 주역인가?

사실 유산균 음료를 마시면 병에 걸리지 않고 오래 살 수 있는지는 분명하지 않다. 불가리아인의 평균 수명도 20세기 후반 이후의 통계에서는 다른 나라보다 특별히 높은 결과가 나오지 않았다.

게다가 살아 있는 유산균이 함유된 음료수를 마셔도 위에서 위산에 의해 죽기 때문에 살아 있는 형태로 장까지 도달하지는 못한다는 사실이 밝혀졌다. 1930년대에 일본의 미생물학자인 시로타 미노루는 위산에 파괴되지 않고 장까지 도달하는 튼튼한 유산간균(락토바실러스 카제이 시로타 균주)을 손에 넣었다. 그리고 1935년에 그것을 발효유 속에서 키워 '야쿠르트'라고 부르는 유산균 음료수를 만들어냈다.

그러나 산 채로 장까지 도달하는 유산균도 장에 안정적으로 정착하지 못하고 통과해버릴 뿐이다. 다만 살아서 장까지 도달하면 장 속을 통과하는 동안 상재균에게 좋은 영향을 끼치는 젖산이나 아세트산 등을 분비하며, 죽더라도 상재균의 먹이가 되어 장내 세균총에 이로운 역할을 한다는 주장이 있다.

앨러나 콜렌은 자신의 저서인《10퍼센트의 인간》(시공사)에서 "요구르트 제조사들은 실제로는 아무런 약속도 하지 않으면서 락토바실러스(주: 유산균의 일종)가 들어 있는 음료수를 매일 아침 한두 병만 마시면 건강해지고 머리가 좋아지며 속이 편안해지고 날씬한 몸매를 유지할 수 있으며 기분이 좋아지고 행복해질 것이라고 생각하도록 교묘히 마케팅을 하고 있다", "현재 대부분 국가의 약사법은 세균을 포함하는 제품에 건강상의 유효성을 표시하는 것을 허락하지 않는다" 등 프로바이오틱스 산업에 대해 신중한 자세를 보였다. 에드 용도《내 속엔 미생물이 너무도 많아》(어크로스)에서 "가장 농도가 높은 프로바이오틱스조차도 포장 하나에 들어 있는 세균의 수는 수천억 개에 불과하다. 매우 큰 수처럼 들릴지 모르지만, 장 속에는 이미 그 수백 배가 넘는 세균이 존재한다. ……이런 제품에 들어 있는 세균은 성인의 장내에 있는 세균으로서는 중요한 구성원이라고 말할 수 없다", "알레르기나 천식, 피부염, 비만, 당뇨병, 일반적인 유형의 염증성 장 질환, 자폐증, 그 밖의 마이크로바이옴(장내 세균총)이 관여하는 것으로 여겨지는 어떤 질환에 대해서도 프로바이오틱스가 사람들을 구한다는 명백한 증거는 아직 존재하지 않는다"라고 지적했다.

유산균이나 비피더스균이 우리 몸에 유해하지 않다고 알려져 있긴 하지만, 장내 플로라에는 그저 스쳐 지나가는 존재이기 때문에 그렇게 여겨지는지도 모른다. 유산균이나 비피더스균이 정말로 우수한 프로바이오틱스인지는 분명하지 않은 것이다.

현재까지 의학적으로 근거가 확인된 프로바이오틱스의 효능은 감염성 설사의 발생을 억제하고, 항생제 복용으로 인한 설사 위험을 감소시키며, 그리고 조산아에게 발생하는 괴사성 장염으로부터 보호하는 것 정도다. 그래서 프로바이오틱스는 대부분 의약품이 아니라 식품으로 분류되고 있다. 의약품은 엄격한 규제를 받지만 식품은 규제가 매우 느슨하기 때문이다. 2007년, EU(유럽연합)는 "더 건강해진다", "활력이 생긴다", "살을 뺄 수 있다"고 광고하는 식료품과 건강보조식품 제조사에 대해 근거를 제시하도록 지시했다. 그러나 제조사들은 이렇다 할 실험 결과를 제시하지 못했다. 그래서 EU는 2014년에 식품의 패키지에 프로바이오틱스라는 말을 사용하지 못하도록 금지했다.

요컨대 유산균이나 비피더스균의 건강 효과에 대해서는 지나친 기대를 하지 않는 편이 좋을지도 모른다. 다만 맛있고 영양분이 충분하며 젖당이 분해되어 있어서 젖당 불내성인 사람이 먹기에도 편하다는 점만으로도 프로바이오틱스는 훌륭한 식품이라고 말할 수 있을 것이다.

우수한 프로바이오틱스의 존재 가능성

배양의 용이성으로 오랜 세월 동안 프로바이오틱스의 대표로 여겨져온 유산균과 비피더스균의 건강 효과는 약간 있거나 없는 정도다. 그런데 어쩌면 유산균이나 비피더스균이 아닌 것 중에 명확히 건강 효과가 있는 프로바이오틱스가 존재할지도 모른다. 과학 저널리스트 에드 용은 그런 후보를 몇 가지 제시했다.

"첫 번째 후보는 점액을 좋아하는 세균인 아커만시아 뮤시니

필라다. 이것의 존재 유무와 병적 비만 및 영양 불량의 리스크 사이에는 상관관계가 존재한다. 박테로이데스 프라길리스도 있다. 이것은 면역계의 항염증적 측면을 강화한다. 또한 이것과는 별개로 피칼리박테리움 프로스니치라는 항염증성 세균도 있다. 염증성 장 질환 환자의 장 속에는 이것이 특히 드물며, 쥐를 이용한 실험에서는 이 세균을 쥐에게 주입하자 증상이 회복되는 경향을 보였다. 적절하고 우수한 능력을 보유했으며 우리 몸에 잘 적응하는 이 미생물들은 미래에 프로바이오틱스의 일익을 담당할 것이다.”

적절한 미생물의 섭취가 우리의 건강에 기여할 가능성은 아직 남아 있다.

프로바이오틱스의 정점, 똥 이식 치료

감염증 치료를 위해 항생 물질(항균제)을 투여하면?

감염증이란 바이러스나 세균 등의 병원체가 몸속에 침입해서 증식한 결과 발열이나 설사, 기침 등의 증상이 나타나는 것이다. 병원체가 몸속에 들어온 것만으로는 감염증이라고 부르지 않는다. 들어온 병원체가 몸속에서 증식했을 때 비로소 감염되었다고 말하며, 어떤 불쾌한 증상이 나타났을 때 감염증에 걸렸다고 말한다.

감염증의 치료에는 항생 물질이 사용되는데, 목표로 삼는 병원체를 몰아내는 데 그치지 않고 장내 세균 전체에 영향을 끼친다. 그래서 장내 세균 균형이 무너지고, 세균의 수가 줄어든 곳에 항생 물질이 잘 듣지 않는 특정 세균이 활발히 증식하기도 한다. 그 대표적인 예가 클로스트리듐 디피실 감염증이라는 병이다.

클로스트리듐 디피실균은 건강한 성인의 몸속에 존재하는 경우도 있으며 보통은 해롭지 않지만 끈질긴 것으로 악명이 높다. 클로스트리듐 디피실균은 대개 항생 물질을 사용하면 제거할 수 있지만 약물 내성을 지닌 변종으로 재발하기도 한다. 그리고

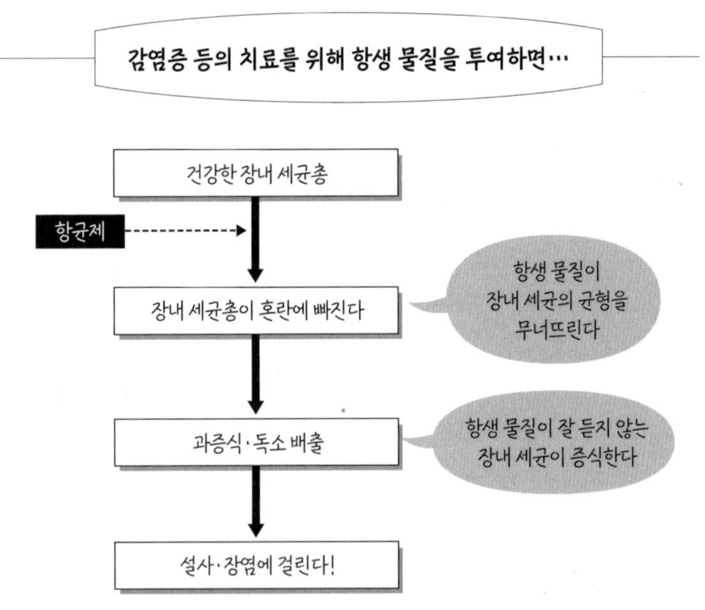

비정상적으로 증식한 클로스트리듐 디피실균이 방출한 독소는 경중인 심한 물 설사에서부터 중증의 출혈성 설사에 이르기까지 각종 증상을 유발한다.

또한 증상이 나타난 환자가 있는 병원 내에서 직접적으로 혹은 의료 관계자를 거쳐 간접적으로 감염이 진행되어 집단 감염이 발생하기도 한다. 위험도가 높은 대상은 고령자, 장기 입원 환자, 항생 물질을 사용하는 입원 환자다.

궁극의 프로바이오틱스, 똥의 장내 세균 이식

클로스트리듐 디피실 감염증 치료에는 세균 감염의 대항 무기인 항생 물질을 사용할 수 없으며, 유산균이나 비피더스균도 예방 효과가 없다고 한다. 이에 미국 등지에서는 똥을 이식하는 치료법이 시도되고 있다. 건강한 사람 혹은 가족의 변을 관을 통해 장에 투여해 장내 환경을 개선하려는 시도로, 똥을 이식함으로써 장내 세균의 구성을 새롭게 바꿔보려는 것이다. 여러 차례의 임상 시험에서 효과가 있는 것으로 보고되었다.

2013년에는 켈러가 이끄는 독일의 연구팀이 똥 이식의 '무작위 배정 임상 시험(RCT)'을 실시했다. 무작위 배정 임상 시험은 피험자를 진짜 약을 사용하는 그룹과 플라세보(가짜 약)를 사용하는 그룹에 무작위로 배정한 다음 두 그룹을 비교하는 임상 시험 방식으로, 건강 정보로서의 신뢰도가 높다. 또한 복수의 무작위 배정 임상 시험을 모아서 통계학적으로 평가함으로써 신뢰도를 더 높인 '메타 애널리시스'도 있다.

켈러의 연구팀은 클로스트리듐 디피실 감염증의 재발을 반복하는 환자 42명을 무작위로 나눠서 한 그룹에는 항생 물질인 반코마이신을 투여하고 다른 그룹에는 똥 이식을 실시했다. 그 결과, 반코마이신의 투여로 치유된 비율은 27퍼센트인 데 비해 똥 이식의 치유율은 94퍼센트에 달했다. 중증 환자를 상대로 이렇다 할 부작용도 없이 94퍼센트의 치유율을 보인 것은 전례가 없는 일이었다. 게다가 반코마이신이 고가인 데 비해 똥은 비용이 들지 않았다.

다만 똥에 병원균이나 발암 물질 등이 들어 있을 위험이 있기 때문에 미국에서는 클로스트리듐 디피실 감염증을 치료하는 용도로만 똥 이식을 허가하고 있다. 또한 일본에서는 아직 똥 이식을 허가하지 않고 있다(한국에서는 2024년 대한장연구학회 진료 지침으로 재발성 디피실 대장염의 경우 대변 이식을 권할 수 있다고 명시되어 있다. 신의료 기술로 인정되었지만, 실제 이 치료법이 활성화되지는 않았다-감수자).

똥 이식은 먼저 환자의 장 속을 세정한 다음 건강하고 감염증의 위험이 없는 제공자의 똥을 다음과 같은 방법으로 집어넣음으로써 실시된다.

①대장 내시경을 통해
②콧구멍으로 관(튜브)을 넣어 위를 지나 십이지장까지 통과
  시킨 후 그 관을 통해
③관장을 통해

똥은 똥 자체 혹은 똥을 생리 식염수에 녹인 것을 사용하는데, 캐나다에서는 똥에서 배양한 장내 세균총을 이식하는 방법도 시도하고 있다. 이것은 인공 똥이라고 부르는 편이 옳을지도 모르겠다.

2013년 10월, 캐나다에서는 클로스트리듐 디피실 감염증 환자 27명을 대상으로 대변에서 만든 캡슐제를 투여하는 방법으로 치료 효과를 거두었다는 보고가 있었다. 이 캡슐제는 환자 맞춤형으로 제작된다. 환자 가족의 똥에서 장내 세균만을 원심 분리기로 추출한 뒤 그 세균을 물에 희석해 캡슐에 담아 만든다. 똥 150~200그램에서는 진흙 상태가 된 세균을 2~3티스푼 정도 채취할 수 있다고 한다. 또한 젤라틴을 세 겹으로 코팅해 녹는 데 60~90분이 걸리는 캡슐을 사용함으로써 중요한 장내 세

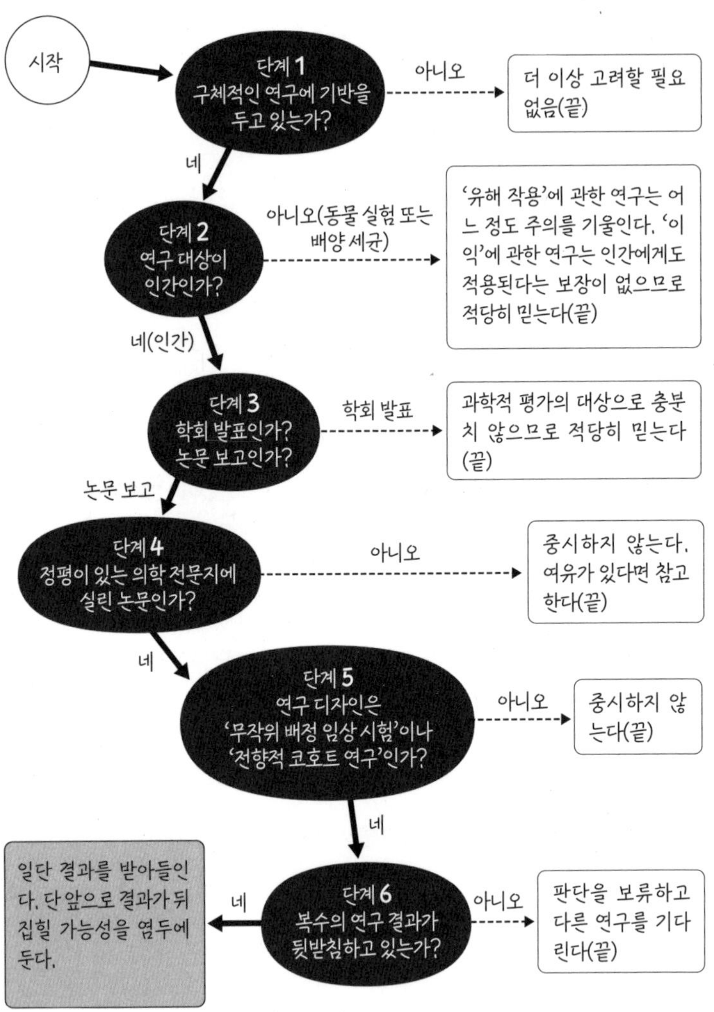

쓰보노 요시타카의 《음식과 암 예방―건강 정보를 어떻게 읽을 것인가》를 바탕으로 재구성

균이 위산에 녹지 않고 무사히 장까지 도달할 수 있게 했다.

클로스트리듐 디피실 감염증에 대해 우수한 효과가 확인되자 다른 질환에도 똥 이식을 시도한 사례가 있다. 그러나 염증성 장 질환의 경우는 성공률이 낮고 일관성도 거의 없으며 부작용이 일어나기 쉽고 재발도 잦았다고 한다.

똥 이식에 거는 기대는 크지만, 무작위 배정 임상 시험을 통해 확실한 근거를 확보한 뒤 도입을 진행해야 할 것이다. 감염증에 걸릴 위험이나 발암의 위험, 장기적인 위험 요소에 관해서는 아직 누구도 알지 못하는 상태이기 때문이다.

식이섬유는 대장암을 예방하는가?

최근 들어 대장암 환자가 증가하고 있다

일본의 부위별 암 사망자 수를 3위까지 살펴보면, 2020년의 경우 남성은 폐암 5만 3,247명, 위암 2만 7,771명, 대장암 2만 7,718명의 순서이고 여성은 대장암 2만 4,070명, 폐암 2만 2,338명, 췌장암 1만 8,797명의 순서였다.

또한 부위별 암 이환 수(암에 걸린 수)의 순위를 살펴보면, 2018년에는 남성은 전립선암 9만 2,021명, 위암 8만 6,905명, 대장암 8만 6,414명의 순서이고 여성은 유방암 9만 3,858명, 대장암 6만 5,840명 순이었다.

이것을 보면 대장암이 부위별 암 사망자 수와 이환 수 모두 남녀를 불문하고 3위 안에 들어감을 알 수 있다(한국의 부위별 암 사망자 수를 살펴보면, 남성은 폐암(1만 3,698명), 간암(7,381명), 대장암(5,265명), 여성은 폐암(4,948명), 대장암(4,083명), 췌장암(3,710명)의 순서였다(출처: 국가암정보센터, 2023년 통계)).

대장암의 예방법으로 자주 거론된 것은 장내 환경을 개선하기 위해 식이섬유를 의식적으로 섭취하는 것이었다. 이번에는 식이섬유 등 '건강에 좋은 음식'에 관해 생각해보도록 하자.

식이섬유란 무엇일까?

식이섬유에는 셀룰로스나 리그닌과 같이 물에 녹지 않는 불용성 식이섬유와 과일에 포함되어 있는 펙틴, 미역이나 다시마, 톳 등에 들어 있는 알긴산처럼 물에 녹는 수용성 식이섬유가 있다.

불용성 식이섬유는 똥의 양을 늘려 변비를 예방하며 대장의 활동을 촉진한다. 또 암의 예방 효과를 기대할 수 있다는 의견도 있다. 한편 수용성 식이섬유는 당질과 지질의 흡수를 방해해 식후 혈당의 급격한 상승을 막거나 유해한 콜레스테롤의 흡수를 억제해 생활 습관병의 예방에 도움을 준다고 알려져 있다. 다만, 소화관 속의 필수 영양소인 칼슘과 결합해 장관의 영양분

흡수를 저해하는 좋지 않은 측면도 있다.

장내 세균에 분해되는 식이섬유도 있다

과거에 사람들은 식이섬유가 소화·흡수되지 않고 음식물 찌꺼기로 똥의 성분이 된다고 생각했다. 그러나 위와 소장에서는 소화되지 않고 대장까지 내려와 장내 세균에 분해되는 식이섬유가 있음이 밝혀졌다. 대사 결과 단쇄지방산(분자의 골격인 탄소의 수가 적은 지방산. 부티르산, 아세트산 등), 이산화탄소, 수소, 메탄 등이 만들어진다.

또한 식이섬유는 제로 칼로리라는 기존의 인식과 달리 장내 세균총의 먹이가 되는 식이섬유는 대사 때 만들어진 단쇄지방산이 몸속에 흡수되어 에너지원이 된다는 사실도 밝혀졌다. 가령 셀룰로스는 장내 세균총의 먹이가 되지 않으므로 제로 칼로리지만, 펙틴, 밀 배아, 난소화성 전분, 수용성 대두 식이섬유 등은 장내 세균에 쉽게 분해되는 까닭에 1그램당 0~2킬로칼로리의 열량이 있는 것으로 여겨지고 있다.

한편, 아예 장내 세균의 먹이가 되지 않거나 전체 음식물 중 먹이가 되지 않은 일부분은 음식물 찌꺼기로서 변의 성분이 된다. 이것들은 장 속에서 부풀어 변의 부피를 늘린다.

건강 유지에 좋은 식생활은 무엇일까?

미국에서는 보건복지부와 농무부가 5년마다 '미국인을 위한 식생활 지침(Dietary Guidelines for Americans)'이라는 제목의 보고서를 발행하고 있다. 이것은 의사와 과학자 같은 전문가들로 구성된 자문위원회가 음식에 관한 최신 연구를 검증해 작성한 보고서를 기반으로 한 것인데, 2015-2020년의 '건강한 식습관의 주요 요소-바람직한 칼로리 섭취 권장 사항' 항목을 보면 건강 유지를 위한 구체적인 지침으로 다음의 '좋은 음식물'을 섭취하도록 권장하고 있다.

- 녹황색, 적색, 주황색 채소와 전분질 채소, 콩류 식물 등 다양성이 풍부한 채소와 과일을 특히 통째로 섭취.
- 곡물의 절반은 통곡물로 섭취.
- 저지방·무지방 우유, 요구르트, 치즈 등 유제품, 또는 두유.
- 해산물, 저지방의 육류, 닭고기, 달걀, 콩류, 대두 식품, 견과류와 씨앗 등 다양성이 풍부한 단백질.
- 카놀라, 옥수수, 올리브, 땅콩, 잇꽃, 콩 등 식물성 기름, 나무의 열매나 씨앗, 해산물, 올리브, 아보카도에 들어 있는 천연 유래의 기름.

위의 '곡물의 절반은 통곡물로 섭취'에서 통곡물은 껍질인 과피, 종피, 배아 등의 부위를 제거하지 않은 곡물이나 그 곡물로 만든 제품을 뜻한다. 주로 현미, 속껍질을 제거하지 않은 밀, 통밀가루를 사용한 식품 등이 여기에 속한다. 이런 음식에는 식이 섬유가 많이 들어 있다.

추천하는 식습관은 지방분이 많은 육류를 멀리하고 통밀가루로 만든 빵이나 채소, 과일을 통째로 먹는 것이다.

그렇다면 '좋은 음식물'을 섭취하는 사람과 그렇지 않은 사람의 건강 상태에는 얼마나 큰 차이가 생길까?

'건강식'을 섭취하면 훨씬 건강해질까?

미국에서 실시된 대규모 조사 중에 '너스 헬스 연구(Nurses' Health Study)'와 '헬스 프로페셔널 팔로업 연구(Health Professionals Follow-Up Study)'가 있다. 1976년에 시작된 '너스 헬스 연구'에는 30세부터 55세까지의 여성 간호사 12만 1,700명이 참여했고, 1986년에 시작된 '헬스 프로페셔널 팔로업 연구'에는 40세부터 75세까지의 치과 의사, 수의사, 약제사 등 남성 의료 종사자 5만 1,529명이 참여했다. 이들 연구는 역학적으로 '전향적 코호트 연구'에 해당하며, 건강 정보를 평가할 때 무작위 배정 임상 시험과 함께 신뢰도가 높은 방식이다.

하버드 대학교의 연구자를 중심으로 참가자들에게 2년마다 상세한 설문지를 보내 생활이나 병에 관한 정보를 수집했다. 설문지의 내용은 '미국인을 위한 식생활 지침'을 얼마나 지키고 있는지 조사하는 것이다. 연구자들은 곡물 제품, 과일, 채소, 우유, 유제품, 고기(생선, 닭고기, 달걀 포함), 지방, 콜레스테롤 등의 섭취량을 점수제로 평가했다. 요컨대 섭취를 추천하는 '좋은 음식물'에는 높은 점수를, 섭취하지 말 것을 권하는 '나쁜 음식물'에는 낮은 점수를 매긴 것이다.

2015년판이 나오기 전의 결과지만, "(흡연 등의 위험 인자를 고려하지 않는다면) 여성의 경우는 '건강식의 양'과 '중증 만성 질환에 걸릴 위험률' 사이에 상관관계가 인정되지 않았다"고 한다. 다만 남성의 경우는 '약간의' 관련성이 인정되었는데, 심장·순환기 질환의 위험률이 하락했다고 한다. 한편 암에 걸릴 위험률은 모든 참가자가 동일했다.

하버드 대학교의 프랭크 후 박사 등이 2017년 7월에 발표한 연구 결과에서는 처음에 점수가 낮았던 사람이 그 후 점수를 올릴 경우 사망률이 약간 하락했으며, 어떻게 점수를 올렸느냐는 사망률에 영향을 끼치지 않았다고 한다. 또한 이 결과에서도 암의 사망률은 낮아지지 않았다.

미국처럼 '좋은 음식물'을 섭취하는 사람과 '나쁜 음식물'을 섭취하는 사람이 상당히 극단적으로 나뉘는 나라에서도 이런 결과가 나온 것이다.

식이섬유와 대장암의 상관관계

'식이섬유를 섭취하면 대장암을 예방할 수 있다'고 한다면 식이섬유가 풍부한 '좋은 음식'을 많이 섭취하는 사람일수록 암에 걸릴 위험률이 낮아져야 할 것이다. 그러나 사실 식이섬유가 대장암 예방에 효과가 있다는 오랜 가설은, '식이섬유 섭취량이 많을수록 대장암에 걸릴 위험성이 낮았다'라는 연구 보고가 있기는 하지만, 최근 실시된 대부분의 역학 연구에서 부정되고 있다.

일본인을 대상으로 한 역학 연구로는 후생노동성 연구반이 다목적 코호트 연구의 일환으로 진행한 식이섬유의 섭취량과 대장암 위험의 관계를 조사한 것이 있다(《International Journal of Cancer》 2006년 9월 15일자). 그 연구에서는 대장암 발생 위험과 식이섬유 섭취량 사이에 통계적으로 유의미한 차이가 없었다. 식이섬유의 섭취량이 많든 적든 대장암에 걸릴 위험은 똑같다는 말이다. 대상자 집단에 식이섬유를 적게 섭취하는 사람의 비율이 높았던 점, 또 섭취량의 폭이 넓지 않았던 점이 통계적으로 유의미한 차이가 발견되지 않은 한 가지 원인이 아닐까 생각된다.

5년 후에도 조사를 실시했는데, 그 결과를 종합해보면 식이섬유를 많이 섭취하면 좋은 것이 아니라 극단적으로 적게 섭취할 경우 대장암의 위험이 높아지는 것으로 나타났다. 양으로는 하루에 10그램 이상 섭취하면 충분하다. 하루 10그램 미만은 대장암 발생 위험이 높아진다. 일본인 대다수는 일상적인 식사를 통해 대장암 예방이라는 관점에서 필요한 식이섬유를 섭취하고 있다고 볼 수 있다(2020년 발표 자료에 따르면, 한국영양학회에서 권고하는 식이섬유 섭취량은 20~25g이며, 한국 성인 평균 섭취량은 24.19g(남자 26.1g / 여자 22.8g)이다-감수자).

후생노동성은 매년 전년도의 평균 수명을 발표한다. 1800년대 후반부터 1900년대 초반 사이에 40대였던 일본인의 평균 수명은 1947년에 50세를 넘긴 뒤 그로부터 20여 년 동안 비약적으로 상승했다. 그리고 1970년에는 세계 1위가 되었으며, 현재는 장수국의 선두 그룹을 유지하고 있다.

노년 학자인 시바타 히로시는 식생활의 변화가 평균 수명을 늘렸다고 주장한다. 그의 주장을 들어 보자(요약).

"평균 수명이 40대였던 1800년대 후반부터 1900년대 초반,

일본은 뇌졸중 천국이었으며 이것이 평균 수명을 저하시킨 가장 큰 원인이었다. 당시는 동물성 단백질의 섭취가 부족한 식생활을 했기에 혈관이 약해져 뇌졸중이 많았던 것이다. 그러다 고도 경제 성장기인 1965년경부터 점차 식생활에서 우유와 육류 섭취가 증가하게 되었다. 육식은 뇌졸중의 예방에 큰 힘을 발휘했고, 그 결과 평균 수명이 대폭 상승했다."

현재 일반적인 일본형 식사는 육류가 부족한 과거의 '조식(粗食)'도 아니고 고칼로리·고지방인 서양형과도 다른, 특수한 중간적 영양 상태의 식사가 되었다.

똥과 오줌에 관한 흥미진진한 이야기

20 소의 똥이 '소똥 케이크'라는 연료로 활용되다

소의 천국 인도

내 취미 중 하나는 국내외를 여행하는 것인데, 해외 여러 나라 중 가장 많이 여행한 나라는 인도다. 열흘에서 3주간의 일정으로 열 번 정도 인도를 여행했다.

인도의 거리를 걷고 있으면 소(인도혹소)를 자주 보게 된다. 가령 갠지스강 목욕재계로 유명한 힌두교의 성지 바라나시에서는 대로에서든 복잡한 뒷골목에서든 묶여 있지 않은 소를 볼 수 있다.

바라나시에 가면 나는 시신이 장작불에 타는 모습을 보러 갠지스강의 화장장(마니카르니카 가트)에 간다. 이전에 견학 갔을 때는 젊은 여성의 시신을 화장하고 있었다. 시신은 약 2시간 반에 걸쳐 기체와 연기와 재가 되고, 재는 강에 뿌려진다. 화장 후 재가 갠지스강에 뿌려지는 것은 인도의 힌두교도들이 바라 마지않는 장례일 것이다.

그런데 그 모습을 구경하던 내 옆에는 소가 멍한 표정으로 서 있었다. 구경하는 군중 속에 섞여 있는 소, 냄새에 이끌려서 온 것일까?

인도의 복잡한 골목을 걷다가 갑자기 눈앞에 소가 나타나면 가슴이 철렁한다. 갑자기 뿔을 내게 향하고 돌진해 오면 어떡하나 하는 생각이 든다.

델리 같은 도시에서도 자유롭게 돌아다닐 만큼 인도에 소가 많은 이유는 인도 인구의 약 80퍼센트를 차지하는 힌두교도가 소를 신성한 동물로 여겨 죽이거나 먹지 않기 때문이다.

인도는 1960년대 중반 이후 수확량이 많은 쌀·밀 품종과 화학 비료를 이용해 곡물의 생산성을 높이는 '녹색 혁명'으로 식량 위기를 극복했다. 또한 여기에 우유 증산이라는 '백색 혁명'도 일어나면서 소와 물소가 증가했다.

소똥 케이크라는 연료

갠지스강 부근을 걷다가 두 손으로 움켜쥔 소똥을 콘크리트 제방에 내리쳐 모양을 다듬고 있는 여자아이를 만났다. 인도에서는 소똥 케이크 만들기를 여성이 하는 일이라고 여겨 남성은 하지 않는다. 여성들은 금속제 용기를 들고 돌아다니면서 여기저기에 떨어져 있는 소똥을 모은다. 모은 소똥을 지름 20센티미터, 높이 4~5센티미터 정도의 납작한 원판 모양으로 빚어 늘어놓고 건조시켜 소똥 케이크를 만든다. 사실 크기나 모양은 제각각이다.

소똥 케이크는 각 가정에서 음식을 만들 때 화로의 연료로 사용된다. 장작처럼 먼 곳으로 가지러 갈 필요도 없고, 소나 물소만 있으면 쉽게 가공·건조해 만들 수 있으며 보존성도 높다. 장작보다 오래 타고 온도가 지나치게 높아지지 않는 까닭에 콩류를 뭉근히 끓이거나 하룻밤 내내 가열하는 데도 적합하다.

인도에서는 연간 5억 6,200만 톤의 소똥이 발생하며 그 가운데 37퍼센트인 약 2억 800만 톤이 연료로 사용되고 있다. 만약 이 분량을 장작으로 대체한다면 인도의 삼림 자원은 위기에 빠질 것이다. 도시의 소똥 케이크 사용량은 석유와 가스, 전기의 사용이 증가함에 따라 매년 감소하고 있지만, 힌두교의 제례에서 불을 피울 때는 여전히 소똥 케이크를 사용한다. 또한 연료로 사용하지 않더라도 소의 똥과 오줌은 성스러운 것으로 여겨져 힌두교의 다양한 제례에 사용되고 있다.

소똥 케이크의 발열량은 1킬로그램당 12~13메가줄(MJ)로 장작의 60~80퍼센트 정도다. 건조시킨 것이라서 태워도 냄새는 별로 안 나지만, 연기가 많이 발생한다는 단점이 있다.

인도인과 결혼한 일본인 여성이 쓴 책을 보면 인도로 여행을 와서 인도인에게 '마리화나(대마 잎을 말린 것)'를 구입해 그 연기를 들이마시며 '마리화나 첫 경험'을 즐기는 일본인 젊은이 두 명을 만난 이야기가 실려 있다. 연기 냄새를 맡은 그녀는 그 '마리화나'라는 것이 사실은 소똥 케이크임을 알고 쓴웃음을 지었다고 한다.

21 촌충을 기생시키는 다이어트 방법

촌충이 중간 숙주를 거쳐 인간에게 기생하기까지

촌충(조충)은 편형동물 조충과에 속하는 납작하고 긴 띠 모양 기생충의 속칭이다. 촌충에는 약 3,000종류가 있다.

인간이 배출한 촌충 가운데 가장 긴 것은 무려 39미터나 되었다. 이것은 유럽에서 먼 옛날부터 사람에게 기생했던 광절열두조충으로 밝혀졌다. 한편 연어나 송어에 중간 기생하고 있다가 그 물고기를 회로 먹은 사람에게 기생하는 동해열두조충의 길이는 최대 10미터 정도다.

기생충의 숙주(인간)가 똥을 누면 똥과 함께 촌충의 알도 배출되며, 돼지나 소가 그 알을 먹으면 돼지나 소의 근육 속에서 중간 기생하거나 하천에 흘러든 알을 포식한 물벼룩을 잡아먹은 연어 또는 송어의 몸속에서 중간 기생한다. 그리고 중간 기생한 물고기나 고기를 먹은 사람에게 다시 기생하게 된다.

선진국에서는 촌충이 사실상 절멸한 상태다. 다만 현재도 날고기에 가까운 스테이크나 회를 먹는 식습관을 통해 미미하게나마 활동을 계속하고 있다.

촌충의 구조

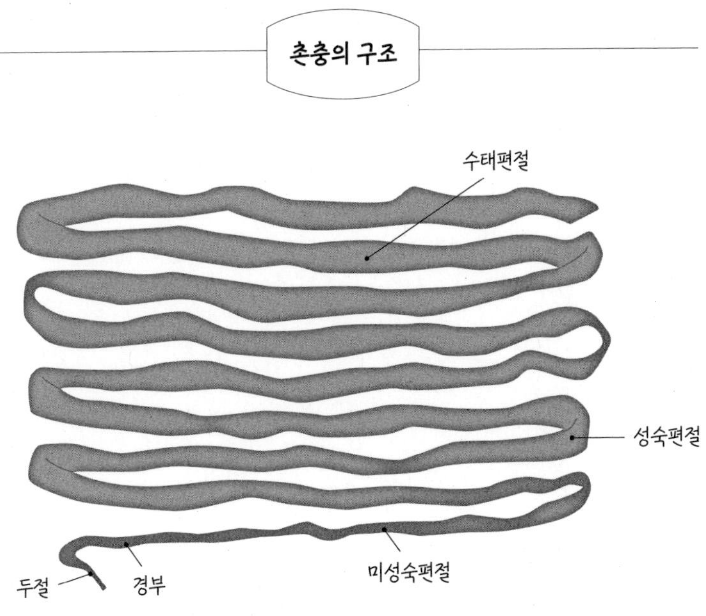

촌충 다이어트는 빅토리아 시대에 시작되었다

옛날 사람들은 '기생충을 몸속에 키우면 인간이 먹은 음식을 기생충이 가로채므로 날씬해질 것이다'라고 믿었다. 빅토리아 시대(1837~1901년), 몸매에 신경 쓰는 여성들 사이에서 촌충 정제(알약)가 유행하기 시작했다.

이 발상의 배경에는 '가난한 사람은 살이 찌지 않는다. 그들의 몸속에는 기생충이 있기 때문이다'라는 논리가 자리하고 있었다. 이처럼 기상천외한 촌충 다이어트는 1900년 초에 널리 유행하게 되었다.

촌충 다이어트의 '영양 가로채기설'에 대한 의문

촌충을 몸속에 기생시켜 다이어트를 한다는 발상은 지금도 남아 있어 스스로 촌충을 기생시키는 사람이 있는 모양이다.

기생충 박사로 유명했던 후지타 고이치로는 자신의 저서에서 오페라 가수인 마리아 칼라스가 촌충 다이어트로 2개월 만에 50킬로그램을 감량한 사례를 들었다. 그러나 당시 그녀의 남편에 따르면 이 이야기는 거짓말이며 칼라스가 살이 빠지기 시작한 것은 촌충이 몸 밖으로 배출된 뒤라고 말했다.

상식적으로 생각해도 '촌충이 영양을 가로채서 살이 빠진다'라는 논리는 의문스럽다. 가령 10미터짜리 촌충이라 해도 편절을 늘리거나 알을 낳을 때 정도를 빼면 에너지를 거의 사용하지 않는다. 따라서 가로채는 영양분도 그리 많지 않을 것이다.

2014년 2월, 영국 BBC의 어느 프로그램에서 저널리스트이자 의사인 마이클 모슬리가 케냐에서 촌충의 알을 입수해 직접 먹고 6주 뒤 몸속을 관찰할 수 있는 소형 카메라를 삼켜 몸속의 촌충을 관찰하는 모습이 방송됐다. 이 실험 기간 동안 그는 자신이 먹은 음식을 일기에 기록했는데, 탄수화물, 특히 설탕과 초콜릿을 많이 먹었음을 깨달았다. 그래서 몸무게는 오히려 1킬로그램이 늘어났다. 그 후 모슬리는 구충제를 먹어 촌충을 제거했으며, 특별한 후유증은 없었다고 한다.

촌충은 숙주가 섭취한 탄수화물을 영양분으로 삼아서 살아가지만, 필요로 하는 칼로리는 적다. 따라서 숙주의 몸무게가 감소한다면 그 원인은 구토나 설사 때문일 것이다. 또한 구토나 설사를 하지 않더라도 기생충에 감염되면 식욕 저하가 일어난다. 기생충 감염 후 면역계에서는 사이토카인(면역 세포 사이에서 정보 전달을 담당하는 단백질의 총칭)이라는 화학 물질이 활발히 분비되는데, 이것이 뇌에 작용해 식욕 저하를 일으킴으로써 결과적으로 살이 빠지는 것이 아닐까 생각된다.

22

위생 관념이 부족했던 중세 유럽의 배설물 처리법

유적을 통해 알 수 있는 최초의 화장실

먼 옛날의 사람들은 강, 호수, 샘물 주변 등 깨끗한 물을 쉽게 얻을 수 있는 곳에서 살았다. 그리고 경험을 통해 자신의 똥이 해롭다는 사실을 깨닫고 있었을 것으로 생각된다. 그래서 흐르는 물 근처에서 용변을 봤다.

일본에서는 옛날에 화장실을 '가와야'라고 불렀다. 한자로 '川屋(내 천, 집 옥)' 또는 '側屋(곁 측, 집 옥)'이라고 썼는데 이것은 용변을 보기 위한 건물을 강 위에 지어서 똥오줌을 곧바로 강에 흘려보내거나 집 옆 또는 본채의 가장자리에 지은 것이 유래다.

유적을 통해서 알 수 있는 최초의 화장실은 기원전 3000년에서 기원전 2000년으로 거슬러 올라간다. 스코틀랜드 앞바다의 메인랜드섬에 있는 스캐러브레이 유적과 파키스탄에 있는 인더스 문명의 모헨조다로 유적이다. 스캐러브레이 유적에는 기원전 3100년경부터 기원전 2500년경의 가옥들이 남아 있는데, 각 주거지에는 원시적인 화장실(구멍식 화장실)과 그곳에서 작은 강으로 이어지는 배관(하수관)이 설치되어 있었다. 덕분에 밖으로 나가지 않고 집 안에서 용변을 볼 수 있었다.

인더스 문명의 모헨조다로 유적의 특징은 소성 벽돌(구운 벽돌)로 지은 건조물들과 매우 치밀하게 계산된 도시 계획이다. 유적에서는 가정용 및 대중용 목욕탕과 화장실이 발굴되었는데, 이것을 보면 육체를 청결하게 유지하는 것이 고대 힌두교의 계율이었던 것으로 생각된다. 또한 각 집에서 사용한 물은 하수구를 통해 소성 벽돌로 만든 하수도로 빠져나갔다.

최초로 대규모 상하수도 시설과 공중화장실을 만들었던 로마인

고대 로마인은 기원전 2세기부터 대규모 상수도를 부설했다. 수십 킬로미터나 떨어진 곳에서 깨끗한 물을 도시로 끌어왔는데, 대부분은 지하 수로였지만 석재나 벽돌로 아치 구조의 수로 교를 건설하기도 했다. 또한 물의 투명함을 유지하기 위해 수도 본관을 따라 물을 일시적으로 가둬 불순물을 침전시키거나 여과하는 저수지나 여과지를 마련하기도 했다. 상하수도가 정비되자 오물을 물로 씻어내는 화장실을 만들었고, 공중화장실도 건설했다. 어떤 장소에서는 1,600개나 되는 변기가 발굴되기도 했다.

청결 의식이 부재했던 시대

서기 500년에 로마 제국이 멸망하면서 상수도의 대부분이 파괴되었고, 그 후 중세 말기까지 상하수도 모두 암흑기가 계속되었다. 화장실도 모습을 감췄다.

당시의 기독교에서는 모든 육체적 쾌락을 최대한 억제해야 한다고 여겼기 때문에 육체를 드러내는 입욕을 불경한 행위로 간주했다. 이로 인해 거리에서도 집에서도 목욕탕이 사라졌다. 위생 관념이 무시되었던 것이다. 사람들은 세례를 받을 때 온몸을 물에 담그는 것 이외에는 전신욕을 하는 일이 거의 없었다. 목욕탕을 이용하지 않고 옷도 거의 세탁하지 않은 탓에 몸에서 심한 냄새가 났는데, 부자들은 그 냄새를 감추고자 온몸에 향수를 뿌렸지만 가난한 사람들은 주위에 악취를 퍼트리고 다녔다.

입욕이라는 습관이 사라짐에 따라 집 안에 욕실이나 화장실을 만드는 일도 사라졌다. 실외 화장실, 야외의 구멍식 또는 도랑식 화장실, 침실용 변기(요강)가 사회의 온갖 계층에서 당연한 존재가 되었다. 수백 년이라는 세월 동안 질병은 일상이 되었으며, 전염병으로 수많은 도시와 마을이 소멸했다.

유럽에서는 1500년대에 시작된 종교 개혁의 영향으로 위생 관념이 한층 더 무시되었다. 프로테스탄트와 가톨릭은 서로 상대보다 더 육체적 쾌락을 억제하려 애쓰고 있음을 과시하고자 했다. 사람들은 똥이나 오줌이 마려우면 때와 장소를 개의치 않고 공공연히 일을 보게 되었고, 참다못한 영국 왕실은 1589년에 다음과 같은 공고를 냈다.

"식전이든 식사 중이든 식후든, 아침이든 밤이든, 그 누구도 계단, 복도, 창고를 오줌 또는 기타 오물로 더럽혀서는 안 된다."

때와 장소를 불문하고 배뇨·배변 중인 사람이 있었기에 15~16세기의 학자이자 인문주의자였던 로테르담의 데시데리우스 에라스무스(1466~1536년)가 쓴 역사상 가장 오래된 예절서에 "배뇨·배변 중인 사람에게 인사하는 것은 무례한 행동이다"라는 내용이 포함되어 있는 것도 놀라운 일이 아니다.

하이힐, 망토, 신사의 숙녀 에스코트, 향수

침실용 변기(요강)는 위생 문제를 한층 악화시켰다. 사람들은 요강의 내용물을 종종 길거리에 그대로 버렸다. 특히 한밤중 어둠을 틈타 몰래 창문 밖으로 요강의 내용물을 버리는 일이 잦았기 때문에 밤에 2층 창문 아래를 걷는 것은 상당히 위험한 행동이었다.

도로와 광장은 똥과 오줌으로 더럽혀져 있었고, 대충 보이지 않게 치우는 것이 고작이었기 때문에 지하로 스며들어 우물을 병원균에 오염시키는 결과를 불러왔다.

귀부인들의 치마 밑단 폭이 넓었던 것은 주로 부와 신분을 과시하기 위한 패션이었으나, 넓은 폭 덕분에 요강을 이용하거나 급하게 용변을 보는 것이 가능하기도 했다. 굽 높은 신발인 초핀 중에는 신발 전체 높이가 60센티미터에 달하는 것도 있었으며, 17세기에는 하이힐이 남성과 여성의 패션 아이템으로 자리 잡았다. 이 굽이 높은 신발은 드레스의 밑단이 바닥의 오물이나 진흙에 더러워지는 것을 어느 정도 막아주는 역할도 했다. 또한 2층이나 3층의 창문에서 버린 요강의 내용물을 피하기 위해 망토도 필요했다.

도로 가장자리의 배수구에는 오물로 넘쳐났고, 머리 위로 오물이 떨어질 위험 때문에 신사가 숙녀를 오물로부터 멀리 떨어진 도로의 중앙을 걷도록 에스코트하는 관습도 생겼다.

콜레라의 대유행, 유럽이 위생 관념에 눈을 뜨다

콜레라는 감염자의 똥에 오염된 물이나 음식물을 섭취함으로써 감염되는 병이다. 1883년에 코흐가 병원균인 콜레라균을 발견해 이듬해에 보고했다. 콜레라균의 독소는 심한 설사나 구토를 일으키는데, 80퍼센트는 경증에서 중간 정도의 증상에 그치지만 나머지 20퍼센트는 심한 물 설사로 심각한 탈수 증상을 일으킨다. 전체적인 치사율은 2.4~3.3퍼센트이지만 중증의 치사율은 무려 50퍼센트에 이른다.

콜레라는 수차례에 걸쳐 대유행을 일으켜 수많은 사람의 목숨을 앗아갔다. 기록에 남아 있는 최초의 세계적 유행은 오랜 기간 인도의 풍토병으로 알려져 있었던 이 병이 인도의 벵골 지방에서 시작되어 다른 아시아 국가로 진출하면서 발생했다 (1817~1823년). 그리고 불과 3년 후, 다시 인도에서 시작된 콜레라가 훨씬 넓은 지역으로 확산되며 제2차 유행이 발생했다 (1826~1837년). 이때 파리와 런던에서도 각각 7,000명과 8,000명이 콜레라로 목숨을 잃었다.

제3차 유행(1840~1860년)에서는 더 많은 사람이 사망했다. 이 탈리아에서 14만 명, 프랑스에서 2만 4,000명, 영국에서 2만 명이 죽었다. 이때는 일본에서도 안세이 콜레라 대유행이 발생해 무려 29만 명이 목숨을 잃었다.

콜레라의 유행은 여기에서 그치지 않고 제4차 유행(1863~1879년), 제5차 유행(1881~1896년), 제6차 유행(1899~1923년)으로 이어졌다. 일본에서는 1879년에 16만 명의 환자가 발생했으며 그중 10만여 명이 사망했다는 기록이 남아 있다(콜레라의 세계적 대유행 시기, 조선에서도 1821년 10일 동안 1천여 명이 사망했다는 최초의 기록이 남아 있다. - '콜레라는 조선시대 괴질……1821년 첫 공식 기록', 연합뉴스, 2016. 8. 23일자 - 편집자).

그리고 현재는 1961년에 시작된 제7차 유행이 계속되고 있는데, 세계적으로 매년 130만 명에서 400만 명에 이르는 콜레라 환자가 발생해 2만 1,000명에서 14만 3,000명이 사망하는 것으로 추정된다. 안전한 물을 확보하지 못하는 지역이나 위생 환경이 열악한 지역에서 환자가 발생하고 있다.

콜레라는 19세기에 모두 합쳐 여섯 차례의 세계적인 대유행(팬데믹)을 일으켰는데, 이런 콜레라의 대유행은 상하수도, 목욕탕, 화장실 같은 위생 설비의 보급을 불러왔다. 콜레라가 위생 환경이 개선된 근대 도시를 탄생시켰다고도 말할 수 있을 것이다. 현재 위생 환경이 좋은 나라에서 보고되고 있는 콜레라 감염 사례는 콜레라가 유행하는 외국에서 감염된 채 귀국한 경우가 대부분을 차지하고 있다. 가령 현재 일본에서는 연간 10명 정도의 감염자가 보고되고 있는데, 모두 해외 여행자다(한국에서도 2017년에는 5명, 2018년에는 2명의 환자가 발생했으며 대부분 해외 유입 사례였다. –'올해 국내 첫 해외유입 콜레라 환자 발생', KBS뉴스, 2019. 11. 1일자–편집자).

일본에서 근대적인 수도 시설이 가동된 시기는 1887년부터다. 그해 10월 17일에 요코하마에서 상수도가 급수를 개시했으며, 이후 하코다테·나가사키·오사카·도쿄·고베에서 차례차례 급수가 시작되었다(한국의 근대 상수도는 1908년에 뚝도 정수장이 완공되어 서울 4대문 안과 용산 일대에 수돗물을 공급하면서 시작되었다–옮긴이).

23

에도 시대의
우수한 순환 시스템

가마쿠라 시대 말기부터
사람의 똥오줌을 비료로 사용하다

사람의 똥오줌을 사용한 비료를 인분 거름이라고 한다. 일본의 농촌에서 인분 거름이 사용되기 시작한 때는 가마쿠라 시대(1185~1333년) 말기로 추정된다. 당시의 문헌에는 나무판을 걸쳐놓은 정도의 재래식 화장실에서 똥오줌을 모았다는 이야기가 나온다.

가마쿠라 시대가 되자 당시의 막부는 이모작을 장려하고, 비료로 식물의 깻묵이나 생선거름 이외에 사람의 똥오줌을 적극적으로 사용하도록 권장했다. 농가의 앞마당에 구멍을 파서 똥오줌을 저장해 인분 거름을 만들라고 지도한 것이다. 유럽에서는 가축을 이용하는 농업이 발달했기 때문에 가축의 똥오줌도 비료로 사용했지만, 일본에서는 가축의 똥오줌보다 사람의 똥오줌을 더 많이 사용했던 것으로 추측된다.

어린 시절, 우리 집의 화장실은 실외 화장실뿐이었다. 땅을 파서 바닥이 깊고 넓은 도자기를 묻고 그 위에 나무판을 걸쳐놓은 재래식 화장실이었는데, 그곳에서 똥오줌을 퍼서는 마당에서 키우는 채소에 거름으로 줬다. 나도 가끔은 똥오줌을 푸거나 밭에 뿌리는 일을 도왔다.

에도 시대에는 사람의 똥오줌이 비싼 가격에 팔렸다!

일본에서는 민가 등에서 인분 거름을 사들여 농가에 판매하는 시스템이 갖춰졌고, 이 시스템은 1910년대까지 이어졌다.

전국시대에 각지에서 전도 활동을 펼쳤던 예수회의 선교사 루이스 프로이스는 "우리는 분뇨를 치워주는 사람에게 돈을 주지만, 일본에서는 분뇨를 가져가는 사람이 그 대가로 쌀과 돈을 지불한다"라고 기록했다. 다음은 그런 사례를 보여주는 내용이다.

전국 시대 이후에 각지에서 성을 중심으로 한 도시가 발전했고, 에도 시대에 들어서자 이 도시들은 무사뿐만 아니라 직업별로 상인 계층의 사람들도 거주하는 등 주로 상업과 교통의 중심지가 되었다. 에도 시대는 쌀의 생산력이 정치력을 결정했기 때문에 중앙 정부인 막부와 각 번의 영주들은 새로운 논의 개발과 쌀 생산력 향상을 중요한 시책으로 추진해 나갔다. 그 결과, 게이초 연간(1596~1615년)에 약 160만 헥타르였던 전국의 쌀 경지 면적은 교호 연간(1716~1736년)이 되자 약 300만 헥타르로 증가했다. 약 1세기 동안 80퍼센트의 새로운 논이 개발된 것이다.

또한 비료를 만드는 기술 등이 발달해 쌀의 생산성 향상에 기여했다. 가령 에도 시대의 대표적인 농업서인 《농업전서》(1697년, 미야자키 야스사다 지음)에는 비료에 관해 다음과 같이 적혀 있다.

"척박한 땅에는 분뇨를 주는 것이 급선무다. 농가는 저장소를 만들어 사람의 분뇨를 저장해놓아야 한다. 이곳에 부패한 것, 부엌에서 나온 탁수부터 목욕물까지 모아놓고 푹 썩힌 다음 사용토록 한다. 소와 말의 똥은 겹겹이 쌓는데, 소와 말이 많을 때는 작은 산더미처럼 쌓아올리는 것이 좋다. 거름에도 다양한 종류가 있는데, 그중 인분에 깻묵, 말린 정어리, 고래 기름을 만들고 남은 찌꺼기 등을 더한 것이 우수한 거름이다."

주변의 농촌에서는 '농산물 공급→도시에서 집중적으로 발생한 똥·오줌은 농촌에 비료로 사용'이라는 사이클이 형성되어 갔다. 특히 수십만 명의 인구를 보유한 에도나 교토·오사카는 최대의 인분 거름 생산지였다. 100만 명이 사는 대도시였던 에도에서 발생한 인분 거름은 에도 주변의 농가로 운반되어 거름 구덩이에 저장되었다. 거름 구덩이는 발효를 통해 열을 발생시킴으로써 똥오줌의 위생적인 이용을 가능케 했으며, 똥오줌은 양질의 비료가 되어 주변의 채소 재배에 활용되었다.

에도 근교의 농가는 비료로 활용할 똥오줌을 확보하기 위해 무사의 집이나 서민의 공동 주택과 계약을 맺고 똥오줌을 퍼갈 권리를 확보했으며 이것을 금전이나 현물로 교환했다. 또한 에도 시대 중기가 되자 도시와 농촌의 똥오줌 거래를 관리하는 중개 조직도 나타나 거래가 활발히 진행되었다.

당시 인분 퇴비의 품질에는 등급이 있었다. '늘 맛있는 음식과 생선을 먹는 사람의 똥오줌으로 만든 거름은 효과가 뛰어나지만, 검소한 식생활을 하는 사람의 똥오줌은 효과가 떨어진다. 따라서 번성한 지역의 똥오줌을 비료로 사용하는 마을은 곡물과 채소가 더 잘 자란다'라는 생각에서였다. 가령 에도에서는 인분 거름의 품질을 상중하 세 등급으로 나눴다. 인분 거름은 질소나 인이 들어 있는 비율이 중요하기 때문에 먹은 음식의 차이를 기준으로 품질에 차이를 둔 것이다. 영주나 규모가 큰 가게의 것은 상급품, 일반 무사나 평범한 가게의 것은 중급품, 가난한 사람이 많은 공동 주택의 것은 하급품이었다고 한다.

똥오줌에 관해서라면 에도 시대의 일본은 한정된 자원과 기술을 바탕으로 생활환경의 보전을 꾀하며 위생적으로 처리해 효과적으로 이용하는 '순환형 사회'를 구축하고 있었다. 사람의 똥오줌을 농가에 판매함으로써 거리가 사람의 똥오줌에 오염되지 않고 청결함을 유지할 수 있었다.

에도 시대에는 다양한 특산물이 탄생했는데, 에도의 도시 주변에서는 채소가 특산품으로 재배되었다. 가령 네리마에서 나는 무나 고마쓰가와 주변에서 생산된 소송채, 다키노가와 우엉 같은 '에도 채소'는 질적으로나 양적으로나 에도 사람들의 일상 생활을 충족시키기에 충분했다. 이런 특산품이 풍족하게 생산된 것도 인분 거름의 효과적인 활용이 있었기에 가능했던 대표적인 사례라고 말할 수 있을 것이다.

그러나 제2차 세계대전 이후 농지 개혁을 계기로 농촌이 크게 변화하고 화학 비료가 보급되면서 농촌이 인분 거름을 이용하지 않게 되자 갈 곳을 잃은 똥오줌의 처리가 문제로 떠올랐다. 당시 쓰레기와 똥오줌의 처분은 해양 투기와 토지 투기에 의존하고 있었는데, 쓰레기 처리장은 파리와 모기가 많이 발생할 뿐만 아니라 매우 비위생적인 상태였다. 또한 똥오줌의 해양 투기는 2002년 2월부터 5년의 유예 기간을 거친 뒤 2007년에 전면 금지되었다. 1950년대 중반부터 시작된 급격한 경제 성장으로 쓰레기의 양과 질이 크게 변화하면서 쓰레기의 처리는 해결하기 어려운 문제로 떠올랐다.

그 후 수세식 화장실에 대한 수요에 따라 하수도와 정화조가 보급되었다. 특히 가정용 정화조의 경우는 소형임에도 하수도 수준의 고급 처리 기술이 발전하여 널리 보급되었다.

현재 우리는 똥오줌을 이용하지 않고 있지만, 에도 시대의 위

거름 장수(사람의 똥오줌을 사서 비료로 만들어 파는 사람)

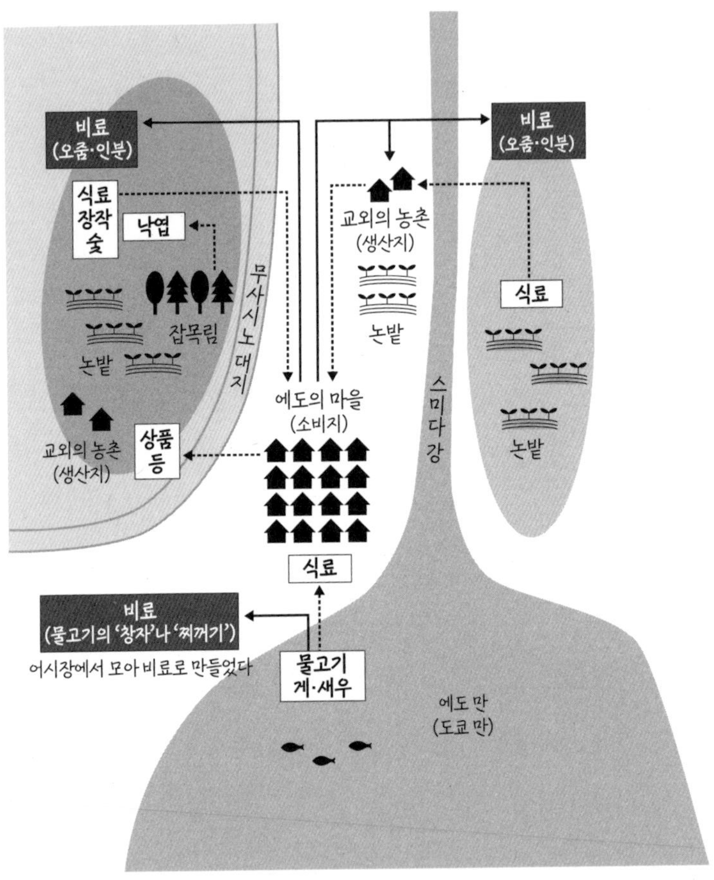

* 자료: 《에도의 채소~사라진 미카와시마나를 찾아서》(노무라 게이스케 지음)를 바탕으로 작성

생적인 똥오줌 재활용에서 얻을 수 있는 교훈은 적지 않다.

참고로 위의 내용은 나의 저서인 《세계가 놀라는 일본의 우수한 과학과 기술》(가사마서원, 2022)의 내용과 《2008년판 환경 백서·순환형 사회 백서》(환경성)의 '총설2 순환형 사회 구축의 전환기를 맞이한 세계와 일본의 노력' 중 '제2절 순환형 사회의 역사'를 바탕으로 구성한 것이다.

24

기생충 왕국의 시대, 그리고 오늘의 신종 기생충

기생충 왕국이었던 과거의 일본

기생충이란 사람이나 동물의 표면 또는 몸속에 기생하며 음식물을 가로채는 생물을 의미한다. 기생 생물에게 영양을 공급하는 사람이나 동물을 숙주라고 부르는데, 기생충은 숙주 없이는 살아갈 수 없다. 또한 기생충은 숙주에게 해를 끼치는 경우도 있어 그 감염증을 기생충증이라고 한다.

제2차 세계대전 직후의 일본은 기생충 감염률이 무려 70~80퍼센트에 이르는 '기생충 왕국'이었다. 그래서 제2차 세계대전 이후 한동안은 초등학교와 중학교 과학 교과서에 기생충에 관한 내용이 포함되어 있었다. 회충의 알, 회충, 십이지장충, 요충, 촌충에 대한 설명과 회충이 어떻게 기생하는지 그림으로 설명한 내용이 실려 있었다.

당시는 사람의 똥을 비료로 사용했기 때문에 그 비료로 자란 채소에 회충의 알이 달라붙어 있는 경우가 흔했다. 채소를 먹으면 그 알이 몸속으로 들어와 장 속에서 유충이 되고, 혈관 속으로 들어간 유충은 심장과 폐 등을 지나서 목구멍을 통해 다시 소장으로 내려가 성충이 된다.

어린 시절에 우리 집은 마당에 각종 채소를 키웠는데, 종종 변소에서 거름통을 들고 와 바로 채소에 뿌렸다. 그러다 보니 당연히 요충 등 기생충에 감염되곤 했다.

교과서에서는 회충과 십이지장충의 경우 똥을 비료로 사용하지 않으면 크게 줄어든다고 설명했으며, 기생충이 어떻게 기생하고 어떻게 해야 기생충을 예방할 수 있는지를 고찰했다. 중학교 과학 교과서도 '기생과 공생'이라는 단원에서 사람에게 기생하는 기생충을 다뤘다. 여기에서 다룬 기생충은 선형동물인 회충, 구충(십이지장충)의 부류, 편형동물인 디스토마, 일본주혈흡충, 촌충의 부류였다. 그리고 "대부분의 기생충은 기생 생활에 필요한 부착부(갈고리나 흡반 등)가 발달했다", "청각기와 운동기는 발달하지 않았다", "숙주의 영양을 가로채기 때문에 자신의 소화기를 가질 필요가 없어 촌충처럼 소화기가 전혀 없는 것도 있다" 같은 설명이 있었다.

기생충 감염은 줄었는데, 왜 요충만 여전할까?"

현재는 기생충 감염률이 1퍼센트 이하로 크게 감소했다. 이것은 신선한 채소를 통해서 기생충에 감염되는 일이 감소했기 때문이다. 화학 비료가 보급됨에 따라 사람의 똥을 비료로 사용하지 않게 되었고, 하수도의 보급과 위생 환경이 정비된 것도 큰 역할을 했다. 여기다 기생충 예방법에 의거해 집단 대변 검사와 집단 구충제 투여가 실시되는 등 공중위생이 크게 개선된 결과로 생각된다.

이처럼 대부분의 기생충이 소멸해가는 가운데, 요충만은 지금도 높은 기생률을 유지하고 있다. 연령별로는 유치원생과 초등학생(5~10세)에서 5~10퍼센트의 높은 기생률을 보이고 있으며, 이 아이들의 부모 연령층인 30~40세에서도 그다음으로 높은 기생률이 나타나고 있다.

요충은 인간 고유의 기생충으로, 성충은 대장과 직장에서 산다. 암컷은 밤중에 항문으로 나와 항문 주위에 약 1만 개의 알을 낳는다. 알은 끈적끈적한 물질을 통해서 피부에 달라붙으며, 끈적끈적한 물질과 항문 주위를 돌아다니는 암컷 때문에 가려움을 느끼게 된다. 산란을 마친 암컷은 죽어버리지만 알은 발육 속도가 매우 빨라서 산란 후 4~6시간이면 감염력을 지니게 된다.

항문 주변이 가려워서 긁으면 알이 손에 달라붙고, 그것이 입으로 들어가 감염된다. 또한 알은 속옷 또는 시트 등의 침구에 달라붙거나 바닥에 떨어져도 2~3주 동안 살아 있으며, 그사이에 먼지나 분진과 함께 코와 입을 통해서 몸속으로 들어온다. 그런 까닭에 가정 또는 집단생활을 하는 곳에서 감염이 일어나기 쉽다.

항문 외부에 알을 낳기 때문에 대변 검사로는 요충을 발견할 수 없다. 그래서 항문 주위에 부착했다 뗀 셀로판테이프를 현미경으로 조사해 알이 붙어 있는지 검사하는 방법을 이용한다. 요충이 매일 알을 낳으러 항문 밖으로 나오는 것은 아니기 때문에 5일 정도 연속으로 검사를 실시하는 것이 좋지만, 학교에서는 이틀 연속으로 검사하는 경우가 많은 듯하다.

치료에는 1회 복용으로 요충을 박멸하는 약이 많이 사용된다. 다만 이 약은 이미 항문 주위에 낳은 알을 죽이지 못하기 때문에 그 알에 또다시 감염될 가능성을 생각해 2주 후에 한 번 더 복용하기도 한다.

'기생충 왕국'으로 불리던 시절의 대표적인 기생충은 요충과 회충이었는데, 그중에서 회충 감염은 이제 거의 사라졌다고 생각되어왔다. 그러나 화학 비료가 아닌 인분이나 가축·가금의 똥으로 만든 비료로 재배한 소위 유기 농산물이 증가함에 따라 회충이 부활할 조짐을 보이고 있다.

새로운 기생충증의 출현

최근 들어 식생활이 다양해지고 반려동물과 접촉하는 일이 늘어나면서 새로운 기생충증이 등장하고 있다. 고등어, 연어, 청어, 오징어, 정어리, 꽁치 등의 회를 통해서 감염되는 아니사키스(고래회충)증, 불똥꼴뚜기의 회나 생식을 통해서 감염되는 선미선충증, 미꾸라지의 생식을 통해서 감염되는 악구충증 등이 그것이다. 특히 초밥이나 회 등 어패류를 날로 먹는 습관이 있는 일본에서는 다른 나라에 비해 아니사키스 감염으로 인한 소화기 질환이 많아 연간 500~1,000건이 발생하고 있는 것으로 알려져 있다.

미식 열풍이 불고 선어·활어의 광역 유통 시스템이 발달하면서 다양한 어종을 날로 먹게 되었는데, 그중에는 아니사키스가 기생하고 있는 어종도 있기 때문에 앞으로 아니사키스 감염에 따른 식중독이 증가할 가능성이 있다.

아니사키스증은 아니사키스가 인간의 위나 장벽에 침입함으로써 발병한다. 아니사키스가 기생한 어패류를 날로 먹으면 대부분 8시간 안에 주로 극심한 복통이 발생하며, 구역질이나 구토를 동반할 때도 있다.

또한 동남아시아나 아프리카 지역을 방문했다가 말라리아 원충이나 아메바성 이질(이질 아메바) 등에 감염되는 사례도 늘고 있다. 인도 여행을 떠났을 때 여행 가이드북에 적힌 "심한 설사를 한다면 당신은 똥을 먹은 것이다"라는 문구가 인상적이었다. 똥에서 유래한 감염증이 설사를 일으키는 경우가 많기 때문이다.

25

우주 비행사는 어떻게 대소변을 볼까?

제미니 7호의 똥 봉투 파열 사건

인간은 우주에서도 대소변을 봐야 한다. 1958년부터 1963년에 걸쳐 최초의 유인 우주 비행 계획인 머큐리 계획을 실시한 미국은 그 후 1965년부터 1966년에 걸쳐 제미니 계획의 일환으로 10회에 걸쳐 유인 우주 비행을 실시했다. 제미니 계획은 월면 착륙이 목표인 아폴로 계획에 필요하다고 생각되는 랑데부와 도킹, 우주 유영 등의 발전적인 기술을 개발하기 위한 것이었다.

우주선 '제미니'는 2인승으로, 공간이 매우 좁아 화장실조차

마련되지 않았다. 그래서 오줌은 청소기 같은 기기로 빨아들여 처리하고, 똥은 엉덩이에 방부제가 들어 있는 특제 봉투를 대고 그 안에 누었다. 또한 똥을 눈 뒤에는 봉투를 손으로 잘 문질러 방부제와 섞은 다음 우주식(宇宙食) 수납함 안에 넣어서 보관해야 했다.

1965년 12월 4일, 제미니 7호가 2주 동안 우주에 체류할 예정으로 발사되었다. 그런데 일주일 정도가 지났을 때 사고가 일어났다. 우주식 수납함이 있는 선반 쪽에서 이상한 냄새가 나기 시작했고, 상자를 열자 똥 봉투 속의 내용물이 사방으로 퍼졌다. 방부제와 제대로 섞지 않은 탓에 똥의 발효가 진행되어 가스가 발생했고, 그 결과 봉투가 부풀어서 터졌던 것이다. 지독한 똥 냄새를 맡으며 남은 일주일을 보낸 두 사람은 지상으로 귀환해 기자 회견에 임했는데, 기자가 이 사건에 관한 소감을 묻자 울분에 찬 표정으로 "당신은 화장실 안에서 일주일동안 지내본 적이 있나요?"라고 쏘아붙였다고 한다.

국제 우주 정거장의 유일한 화장실 고장 사고

러시아의 유인 우주선 소유즈 선 내에는 화장실이 있다. 다만 우주인들은 그 화장실을 사용하지 않았을지도 모른다. 소유즈 우주선은 발사되고 약 이틀 후면 국제 우주 정거장에 도착하는데, 탑승에 앞서 승무원의 엉덩이에 관을 삽입하고 생리 식염수를 주입하여 화장실에서 장을 전부 비우게 한다. 그래서 이틀 정도라면 화장실에 갈 필요가 없었을지도 모른다.

국제 우주 정거장에도 물론 화장실이 있다. 형태는 서양식 화장실과 비슷하지만, 무중량 상태에서 몸이 뜨지 않도록 고정한 다음 청소기 같은 기기로 빨아들이는 방식이다. 엉덩이에 대는 흡입구는 지름 10센티미터 정도로, 화장실 사용법을 지상에서 철저히 훈련한다. 참고로 우주 유영 중에는 종이 기저귀를 찬다.

2008년 5월에는 국제 우주 정거장의 유일한 화장실이 고장나는 사고가 일어났다. 러시아제 화장실로, 제17차 장기 체류 승무원들은 일시적으로 소유즈 우주선의 화장실을 이용함으로써 위기를 넘겼고 이후 새로운 화장실로 교체되었다.

2009년부터 국제 우주 정거장은 기존의 3인 체제에서 6인 체제가 되었다. 이에 따라 화장실을 증설해야 했고, NASA는 미국 구역에 새로운 화장실을 설치하기 위해 러시아 측에 1,900만 달러를 지급했다고 한다.

똥은 진공 상태에서 수분을 날린 다음 지구와 왕복하는 데 사용하는 프로그레스 화물 우주선에 보관되며, 프로그레스가 지구로 돌아갈 때 용기째로 우주에 사출해 마찰열로 불태운다. 오줌의 경우는 현재 재처리를 통해 음료수로 사용하고 있다.

우주 정거장에서는 방귀도 화장실에서 뀌어야 한다

지상에서는 아무리 냄새가 고약한 방귀라도 주위의 공기와 섞여서 냄새가 옅어진다. 그러나 무중력 상태에서는 공기가 대류하지 않기 때문에 우주선 내의 한 곳을 계속 떠돌게 되며, 이것이 코를 직격하면 기절할 정도의 악취가 난다고 한다. 또한 방귀에는 수소와 메탄이라는 가연성 기체가 포함되어 있기 때문에 전기 계통과 접촉하거나 정전기가 발생하면 불이 붙어서 사고로 발전할 위험이 있다.

그래서 우주 비행사는 방귀를 뀔 때는 우주선이나 우주 정거장의 화장실을 이용하도록 규정되어 있다고 한다.

26

일부러 자신의 똥을 먹는 토끼와 코알라

일본에 있는 네 종류의 토끼

일본에 서식하는 토끼 중 인간과 가장 친숙한 종은 반려동물로 키우는 집토끼일 것이다. 야생종으로는 널리 분포하고 있는 산토끼, 난세이 제도의 아마미검은토끼, 홋카이도의 우는토끼가 있다(한국의 대표적인 토끼는 한국에 자생하는 유일한 야생 토끼인 멧토끼와 야생 유럽토끼를 가축화한 것으로, 흔히 반려동물로 기르는 집토끼가 있다-편집자).

집토끼는 굴을 파지 않는 산토끼와 달리 짧고 굵은 앞다리로 굴을 파서 둥지로 삼는다. 집토끼는 이베리아반도와 아프리카

북부에 분포하는 굴토끼를 품종 개량해 모피용, 식용, 애완용
가축으로 만든 종이다.

토끼의 식분(食糞) 행동에는 다 이유가 있다

토끼의 똥에는 두 종류가 있다. 딱딱한 똥과 무른 똥이다. 우리
가 흔히 볼 수 있는 동글동글한 똥은 딱딱한 똥이다. 반면 크림
같은 똥도 누는데, 이것이 무른 똥이다.

토끼는 딱딱한 똥과 무른 똥을 교대로 배출하는데, 무른 똥을
배출하면 자신의 입을 항문에 가져다 대고 빨아들여 씹지 않고
마신다. 이 똥을 먹지 못하게 하면 점차 빈혈 상태를 보이다 서
서히 죽고 만다.

토끼의 식분(食糞) 행동은 음식 소화 과정의 일부다. 즉, 단순
한 배설물이라기보다 먹이라고 할 수 있다. 토끼는 신진대사가
활발하지만 내장이 작은 탓에 먹은 것을 한 번에 완전히 소화하
지 못한다. 그래서 다시 한 번 소화하기 위해 똥을 먹는 것이다.

사람의 맹장은 흔적기관 정도의 크기밖에 안 되며 소화 기능
도 없지만, 토끼의 맹장은 용량이 위보다 크며 장내 세균이 활
동하는 거대한 발효 탱크의 역할을 한다. 그런데 맹장 다음에
소장이 아니라 결장·직장·항문으로 이어지기 때문에 맹장에서

만들어진 영양분이 무른 똥으로 배설되고 만다. 그래서 무른 똥을 먹음으로써 맹장에서 식이섬유 등이 분해되어 생긴 아미노산, 비타민B군, 비타민K 등의 영양분을 섭취하는 것이다.

삼림종합연구소의 삼림생물 연구회 연구원이었던 히라카와 히로후미의 이야기에 따르면, 토끼는 딱딱한 똥도 먹는다고 한다. 무른 똥은 씹지 않고 금방 삼켜버리지만 딱딱한 똥은 긴 시간에 걸쳐 꼭꼭 씹어 먹는다. 소화하기에 부적절한 큰 덩어리도 맹장에서 잘 발효되도록 잘게 부수기 위함이다. 토끼는 주로 해가 뜨기 전이나 땅거미가 진 후에 활동하는 동물이어서 한낮에는 휴식을 취하기 때문에 새로운 먹이를 먹지 못한다. 그래서

대신 딱딱한 똥을 꼭꼭 씹어 먹음으로써 쓰레기를 보물로 바꾸는 것이다.

젖을 뗄 때 어미의 똥을 선물하는 코알라

포유류는 크게 단공류, 유대류, 진수류 세 종류로 나뉜다. 공통점은 자식이 어미의 젖을 먹고 자란다는 것이다.

코알라는 호주 동부에 분포하는 유대류로, 지상에 거의 내려오지 않고 유칼립투스 숲에서 생활하는 수상성(樹上性) 동물이다. 코알라의 새끼는 젖을 뗄 때 어미의 항문에 입을 대고 유칼립투스 잎이 절반쯤 소화된 특수한 무른 똥을 이유식으로 먹는다. 이 식분 행동에는 어떤 의미가 있을까?

유칼립투스 잎에는 탄닌이 다량 함유되어 있다. 탄닌은 다수의 페놀성 하이드록시기(수산기)를 가진 방향족 화합물(탄소 원자 6개가 정육각형을 이룬 벤젠 고리에 −OH가 다수 결합된 유기화합물)의 총칭이다.

나는 탄닌이라고 하면 감의 떫은맛이 먼저 떠오른다. 탄닌은 소화가 잘되지 않는데, 코알라의 몸속에는 포유류 중에서 가장 긴 약 2미터나 되는 맹장이 있으며 그 맹장 속에서 사는 수많은 세균이 소화를 도와준다. 또한 유칼립투스 잎에는 탄닌 이외에

도 독성을 지닌 물질이 들어 있지만 이것도 맹장 속의 세균이
분해해준다.

새끼 코알라는 캥거루와 마찬가지로 갓 태어났을 때는 길이
가 2센티미터, 몸무게가 0.5그램 미만이다. 5~6개월 동안 어미
의 주머니 속에 있는 유두에서 나오는 젖을 빨아 먹으며 성장한
다. 그리고 생후 5개월경이 되면 주머니에서 기어나오며 이후
주머니 속을 들어갔다 나왔다 하며 생활한다.

젖을 뗄 무렵, 새끼는 어미의 똥 중에서도 소화하기 쉽게 변
한 '팹(pap)'을 먹는다. 이를 통해 영양분을 얻을 뿐만 아니라 어

코알라 모자와 유칼립투스

미의 장내 세균도 이어받는다. 갓 태어난 새끼에게는 이런 세균이 없기 때문에 어미의 주머니에서 나올 때까지 몇 주 동안은 이 팹을 먹음으로써 유칼립투스 잎을 소화하는 데 필요한 미생물을 얻는 것으로 생각된다.

그리고 팹을 섭취하기 시작한 지 19일 이내에 유칼립투스 잎을 먹기 시작한다. 또한 팹은 영양가가 매우 높아서 섭취를 시작한 지 2주 만에 새끼 코알라의 몸무게는 약 2배로 불어난다.

태양을 굴린 신성한 곤충, 쇠똥구리(스카라베)

쇠똥구리는 딱정벌레목 쇠똥구릿과에 속하는 곤충의 무리로, 말똥구리로도 불린다. 포유류의 똥(초식동물의 똥을 좋아한다)을 매끄러운 구형으로 만들어 굴리고 다니며 그 안에 알을 낳는다. 부화한 유충은 안쪽에서 그 똥을 먹고 성장하다 이윽고 번데기가 되어서 우화(번데기가 날개 있는 성충이 됨)한다. 구형으로 만든 똥은 쇠똥구리의 유충에게 먹이인 동시에 보금자리인 것이다.

프랑스의 곤충학자인 장 앙리 파브르는 쇠똥구리에 흥미를 느껴 유명한《곤충기》의 제1권에서 그 생태를 생생하게 묘사했다. 쇠똥구리는 모은 똥을 잘라낸 뒤에 거꾸로 서서 두 뒷다리로 안은 다음 앞다리로 지면을 번갈아 차서 자신의 몸보다 큰 똥 덩어리를 매끄러운 공 모양으로 만든다. 이후 자신의 굴까지 굴려서 운반한다. 굴리는 것이 끌고 가는 것보다 운반이 용이하다는 사실을 알고 있는 것이다.

최근에 어떤 종의 쇠똥구리가 직진할 때 햇빛과 달빛을 강력한 지침으로 삼는다는 것을 보여주는 연구 결과가 보고되었다('은하수는 갑충의 이정표',《Nature 다이제스트》, Vol.10 No.5). 스웨덴의 룬드 대학교와 남아프리카공화국의 비트바테르스란트 대학교의 연구팀은 달이 없는 밤에도 많은 쇠똥구리가 곧게 직진한다는 사실을 발견하고 밤하늘이 길 안내 역할을 하고 있는지 조사했다. 그 결과 빛나는 은하수의 띠를 표지로 삼고 있음이 밝혀졌다고 한다.

쇠똥구리의 학명인 스카라바이우스 사케르('신성한 갑충'이라는 의미)는 고대 이집트인들이 쇠똥구리를 신의 곤충이라고 생각해 숭배한 데서 유래했다. 고대 이집트인들은 쇠똥구리가 똥을 매끄러운 구형으로 만들어서 굴리며 운반하는 모습을 태양이 하늘의 동쪽에서 서쪽으로 이동하는 모습에 비유하며 태양의 운동을 지배하는 신 케프리(케페리라고도 한다)의 화신으로 생각했다. 또한 홍수의 계절이 다가오면 무수히 많은 쇠똥구리가 성충이 되어 흙에서 기어나오는 모습을 '재생', '부활', '창조'의 상징으로 여겼다.

고대 이집트에서는 쇠똥구리의 디자인을 조각, 인장, 부적, 장신구 등에 사용했다. 조각으로는 카르나크 신전의 쇠똥구리 조각상과 대영 박물관이 소장한 쇠똥구리의 거상이 유명하다. 부적으로는 라피스라줄리(청금석), 터키석, 흑요석, 파이앙스(터키석의 대용으로 사용된 도자기) 등의 뒷면에 소유자의 이름이나 신상(神像) 등을 조각해 몸에 지니거나 미라의 붕대 속에 넣고 감았다. 다소 대형인, 뒷면에 '사자(死者)의 서'를 적은 '심장 스카라베'는 미라의 가슴 위에 놓였다. 유명한 투탕카멘의 가슴 장식에도 쇠똥구리가 새겨져 있다.

쇠똥구리

27

동물마다 다른 소화관의 구조와 똥

초식동물의 소화관이 육식동물에 비해 복잡한 이유

소화관은 동물이 무엇을 먹느냐에 따라 달라진다. 풀은 고기에 비해 소화가 잘 안 되고 영양분도 적기 때문에 초식동물의 소화관은 육식동물에 비해 복잡하다. 가령 초식동물인 소, 양, 염소 등은 일반적으로 반추 동물이라고 불린다. 제1위나 제2위로 들어갔던 풀을 다시 한 번 입으로 되돌려서 잘게 부수는데, 이 행위를 반추(되새김)라고 한다. 또한 위 속에 미생물을 키워서 미생물에게도 소화를 시킨다. 소화를 도우려는 것이다.

염소는 종이를 먹는다는 이미지가 있는데, 반추 동물로서 나뭇잎의 섬유(질긴 잎맥)도 소화할 수 있다. 본래 염소는 나뭇잎을 즐겨 먹는다. 과거에는 나무껍질의 섬유를 분해한 다음 건져내서 종이를 만들었다. 그런 까닭에 나뭇잎의 섬유를 좋아하는 염소에게는 종이도 좋은 먹잇감으로 여겨졌을 것이다. 그러나 현재의 종이는 식물의 섬유뿐만 아니라 다양한 물질을 첨가해서 만들기 때문에 염소에게 종이를 주지 않는 것이 좋다.

같은 초식동물이라도 말은 위가 하나뿐이며, 소처럼 4개의 위를 갖고 있지 않다. 그래서 깨어 있는 동안 거의 쉬지 않고 풀을 먹어야 살 수 있다.

육식동물과 초식동물은 장에도 차이가 있다. 사자의 장은 몸길이의 약 4배인 데 비해 소의 장은 몸길이의 약 20배나 된다. 또한 초식동물은 맹장이 커서 맹장 속에 있는 세균이 제대로 소화하지 못한 풀의 식이섬유를 분해해 준다. 그만큼 시간을 들임으로써 고기보다 영양이 훨씬 적은 풀에서 조금이라도 더 많은 영양을 섭취하려는 것이다.

맹장의 끝에는 충수가 있다. 흔히 "맹장염에 걸렸다"라고 말하는데, 정확히는 충수염이 맞다. 초식동물은 맹장이 발달한 반면, 육식동물은 맹장이 퇴화했다. 다윈이 "충수는 아무짝에도 쓸모가 없는 기관이다"라고 말했을 정도로 인간의 충수는 오랫동안 무용지물로 생각되어왔지만, 최근 들어 충수의 면역학적 의의가 밝혀졌다. 실험적으로 맹장 림프조직이 결손된 쥐는 대장에서 면역 물질 IgA를 만드는 세포의 수가 감소해 대장의 장내 세균총이 변화한다는 사실이 드러난 것이다.

저마다 다른, 동물들의 똥

동물들의 똥은 종류에 따라 색이나 형태, 냄새, 굳기가 제각각 다르다. 똥의 형태는 먹이와 생활 장소, 소화 형태 등 몸의 구조나 그 동물의 기원에 따라 결정된다. 주로 육식을 하는 식육목(食肉目) 야생 동물의 똥은 개나 고양이의 똥과 비슷하다. 가령 시바견 같은 중형견의 똥은 길이 5~10센티미터 정도의 소시지 모양이다. 거의(약 99퍼센트) 대나무만 먹고 살지만 개나 고양이와 마찬가지로 식육목(곰과)이어서 장이 짧고 맹장도 퇴화한 자이언트판다의 똥은 15센티미터 정도의 원통형이다. 또한 먹고 나서 짧은 시간(6~7시간 후)에 똥이 되어 나오기 때문에 불쾌한 냄새가 나지 않고 은은한 대나무 냄새가 난다.

똥에는 먹이가 된 동물의 털이나 발톱, 새의 깃털 등도 들어 있다. 그래서 으깨 보면 그 동물이 무엇을 먹는지, 어떤 생활권을 삼는지를 알 수 있다.

잡식성 야생 동물(포유류)의 똥은 시기에 따라 섬유질 함유량이 달라진다. 인간을 포함한 잡식성 동물의 똥의 형태는 먹은 음식에 따라 달라지지만, 일반적으로 식육목 동물과 비슷하다. 한편 초식동물의 똥은 수분이 많은 무른 똥이거나 수분이 적은 동글동글한 똥이거나 둘 중 하나다. 소와 하마는 무른 똥, 말은 만두형 똥, 토끼·양·염소·사슴·영양은 동글동글한 똥이다.

똥의 형태를 비교해 보면 위가 한 개인지 여러 개인지, 되새김질을 하는지 하지 않는지 등의 조건은 똥의 형태와 관계가 없는 듯하다. 수분을 얼마나 섭취하느냐가 관건으로 생각된다.

소의 위

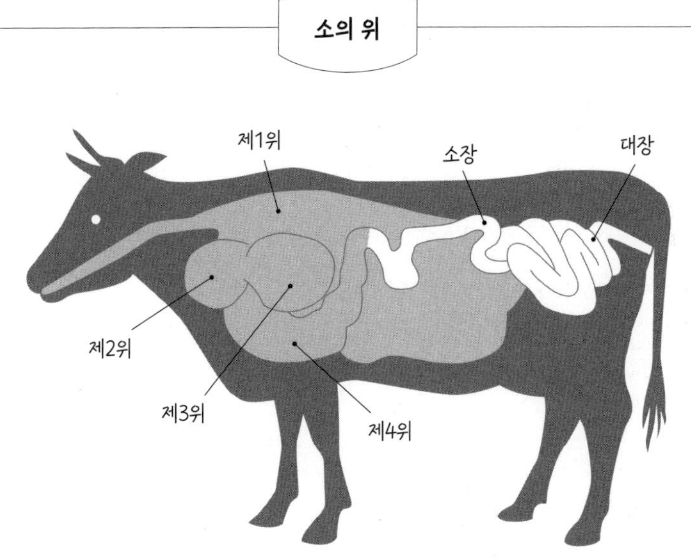

28

다윈이 밝혀낸 지렁이 똥의 놀라운 역할

지렁이는 어느 쪽이 머리이고 어느 쪽이 꼬리일까?

지렁이에게는 눈도 귀도 없다. 단, 빛이나 진동을 피부로 느낄 수는 있다. 팔도 다리도 없지만 체절이 있으며 가는 강모로 덮여 있어서 이 털을 사용해 이동한다. 머리와 꼬리는 언뜻 봐서는 구별하기 어렵지만 색이 연하고 폭이 넓은 띠 부분(환대)과 가까운 쪽이 머리다. 머리에는 입이 있지만 이빨은 없다. 그리고 작지만 뇌도 있다.

일본산 지렁이 가운데 가장 큰 것은 시볼트 지렁이(Pheretima sieboldi)로, 길이가 30~40센티미터에 굵기가 1.5센티미터나 된다. 일반적으로 볼 수 있는 것은 길이가 10센티미터 정도인 줄지렁이다. 참고로 세계에서 가장 큰 지렁이는 남아프리카공화국의 아프리카 거대 지렁이(Microchaetus rappi)로, 길이가 6.7미터까지 자란다고 한다.

땅을 비옥하게 만드는 지렁이

지렁이는 야간에 지상으로 나와 먹이를 먹는다. 흙을 파면서 부패한 잎이나 뿌리 등의 유기물이 들어 있는 흙을 먹어 영양

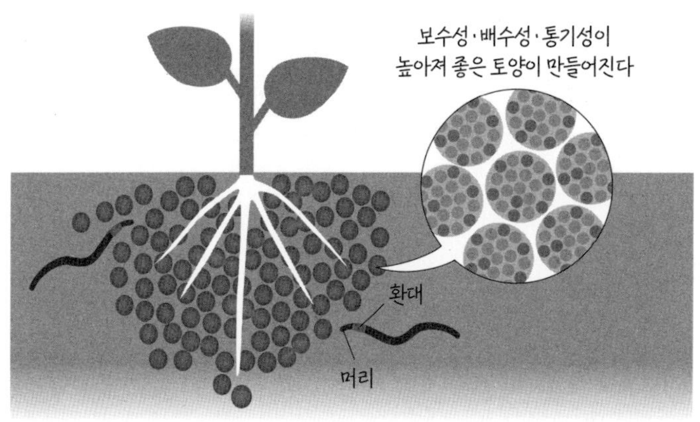

분을 섭취한다. 그리고 개개의 알갱이가 모여 있는 상태인 단립 구조의 똥을 배출한다. 지렁이가 하루에 누는 똥의 양은 몸무게의 절반에서 몸무게 정도다.

지렁이가 먹은 것은 몸속에서 소화액과 잘 섞인다. 지렁이의 소화액은 알칼리성으로 고등 동물의 췌액과 같은 역할을 한다. 흙 속의 부패한 식물 등이 분해될 때 나오는 산을 중화해 식물이 자라기 좋은 환경의 흙을 만드는 것이다.

지렁이 똥 속에 담긴 다윈의 통찰

다윈이 지렁이 연구에 몰두한 계기는 외숙부인 조사이아 웨지우드 2세와의 대화에서였다. 참고로, 조사이아 웨지우드 1세는 영국의 대표적인 도자기 브랜드 웨지우드의 창업자로 찰스 다윈의 외할아버지다. 다윈이 해양 측량 목적의 비글호에 탑승할 수 있었던 것도 아버지는 강하게 반대했지만 외숙부인 웨지우드 2세가 응원해준 덕분이었다.

그 후 다윈은 비글호 항해에서 돌아온 몇 개월 뒤인 1837년 무렵, 외숙부 웨지우드의 집을 방문했고 그때의 대화가 지렁이 연구의 시작점이 되었다. 다윈은 "외숙부 웨지우드가 지렁이의 흙 뒤집기 작용에 대해 언급한 것이 내 연구의 시작이었다"라고 회고한 바 있다.

다윈에 따르면 영국 남부지역에서 약 1년 동안 채집한 지렁이 똥의 양은 1에이커(약 4,047제곱미터)당 14.58톤에 이르렀다고 한다. 1842년, 그는 지렁이가 똥으로 배출한 흙의 양이 얼마나 되는지 조사하기 위해 목장 한구석에 백악(무른 석회석)의 파편을 뿌렸다. 그리고 1871년에 같은 장소를 파보니 지표면으로부터 17.5센티미터 깊이에서 백악층이 발견되었는데, 이것은 지렁이의 똥이 쌓여서 생긴 것이 분명했다. 지렁이들이 1년에 6밀리미터의 흙(똥)을 배출하고 있음을 29년간의 실험을 통해 증명한 것이다.

다윈은 죽기 전까지 지렁이 연구를 계속했다. 그리고 세상을 떠나기 전 해인 1881년에 72세의 나이에 쓴 마지막 저서를 통해 40년에 걸친 지렁이 연구의 성과를 세상에 공개했다. 원제는 "The Formation of Vegetable Mould Through the Action of Worms, with Observations on their Habits(지렁이의 활동을 통한 식물 재배 토양의 형성 및 그 습성에 대한 관찰)"로, 《지렁이의 활동과 분변토의 형성》(지식을만드는지식, 2014)이라는 제목으로 번역 출판되었다.

29

지렁이를 향해서 오줌을 누면 생기는 일

독을 방출하는 지렁이가 있다!?

《대변 소변이 알려주는 우리 몸의 비밀》(미래의창, 2002)에는 저자 야마모토 후미히코 교수가 쓴 "지렁이를 향해서 오줌을 누면?"이라는 제목의 이야기가 있다. 야마모토 교수는 "당신은 어렸을 때 '지렁이를 향해서 오줌을 누면 고추가 붓는다'는 이야기를 들어본 적이 없는가? 지렁이를 향해서 오줌을 누면 정말로 고추가 부을까? 아마도 당연히 미신이라고 생각하는 사람이 많을 것이다. 그런데 사실은 내게도 지렁이를 향해 오줌을 누었다가 고추가 부었던 경험이 있다"라는 말로 이야기를 시작했다.

그리고 "지렁이 똥이 성분이나 형태의 특성상 우수한 흙으로서 토양의 개선에 기여하는 까닭에 옛날부터 농작물을 키우는 토지에서는 지렁이를 소중한 존재로 여겨왔다. 그런 배경도 있기에 '지렁이를 보호하기 위해 만들어낸 미신이고, 고추가 붓는 것은 지렁이가 있을 법한 질척한 곳에서 놀던 손으로 고추를 만져서 병균이 들어갔기 때문'이라는 것이 현재의 상식이다. 이 상식을 뒤엎을 정도의 과학적 근거는 현재까지 발견되지 않았다"라고 끝맺었다.

SNS에서 이 이야기를 소개했더니 "저도 어렸을 때 직접 지렁이를 향해 오줌을 눈 것은 아니지만 지렁이가 있는 장소에서 오줌을 눈 뒤에 고추가 부었던 적이 있습니다"라는 답글이 달렸다. 이것은 야마모토 교수가 말하는 '현재의 상식'으로 설명이 가능할 것이다.

'현재의 상식' 이외에 가장 쉽게 생각할 만한 가설은 지렁이가 고추를 향해 독을 방출한다는 것이다. 〈공방 '모차무라'의 무엇이든 연구실 ★지렁이의 이것저것: 지렁이를 향해서 오줌을 누면…… 고추가 붓는다는 이야기가 미신이라는 것은 미신이 아닐까?〉라는 사이트가 이와 관련해 이런저런 고찰을 했다.

일본에는 지면에서 고추가 있는 위치까지 독을 날릴 수 있는 지렁이가 없는 듯하지만, 10센티미터 이상이나 날린 사례는 있었다. 또한 호주의 뉴사우스웨일스주에는 점액을 60센티미터나 날려 '물총 지렁이'라고 불리는 '분사 지렁이'가 있다고 한다.

민간약으로 사용되었던 지렁이

지렁이가 독을 분사할지도 모른다는 이야기 이외에, 지렁이가 민간약으로 사용되어왔다는 이야기도 있다. 한약재로서는 지렁이를 '지룡(地龍)'이라고 부르며, 먼 옛날부터 지렁이를 달여서 마시면 감기나 열을 내리는 데 효과가 있다는 민간요법이 전해져왔다. 말린 지렁이나 살아 있는 지렁이를 달여서 마시는 방법, 지렁이의 똥을 먹는 방법, 살아 있는 지렁이에게 자극을 줘서 나온 체액을 마시는 방법 등이 있는 듯하다.

나도 어린 시절 심한 감기에 걸려 앓아누웠을 때 엄마가 냄비에 물과 다량의 지렁이를 넣고 달인 해열제를 먹였던 기억이 있다. 당시를 떠올리면 지금도 냄비 뚜껑을 열었을 때 길게 늘어져 있던 지렁이들의 모습이 떠오른다.

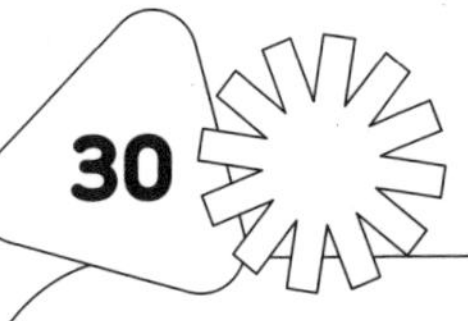

새의 똥, 흰 크림 속 요산 덩어리의 비밀

비둘기의 오줌과 똥

공원에서 비둘기의 오줌과 똥을 관찰해 보자. 특히 눈에 띠는 것은 새 특유의 흰 크림 같은 덩어리다. 이것은 사실 요산이라는 물질로, 신장에서 나오는 배설물이다. 쉽게 말하면 오줌인 셈이다. 똥은 이 흰 요산에 붙어 있는 어두운 녹색 부분이다.

오줌은 암모니아를 처리한 것

생명 활동의 단위인 세포는 생물이 살아 있는 한 끊임없이 물질대사를 하며, 이때 단백질의 대사 산물이자 강력한 세포 독인 암모니아가 만들어진다. 그래서 각종 동물들은 저마다의 방법으로 혈액 속의 암모니아를 줄이고 노폐물로 처리하려 한다.

암모니아를 버리는 방법에는 다음 세 가지가 있다.

· 대부분 암모니아 상태 그대로 버린다.
· 요소로 바꿔서 대량의 물과 함께 버린다.
· 물에 녹지 않는 요산으로 바꿔서 버린다.

어류의 경우, 노폐물 전체의 50~80퍼센트가 암모니아이며 그다음이 요소다. 암모니아도 요소도 물에 잘 녹기 때문에 암모니아와 요소의 약 80퍼센트를 몸의 표면에서, 특히 아가미에서 외부 세계인 물속으로 흩뿌린다. 그리고 20퍼센트 이하는 신장을 거쳐 배출한다. 몸 밖에 대량의 물이 존재하는 덕분에 이런 '방류' 방식이 가능한 것이다.

양서류나 포유류는 간에서 암모니아를 독성이 비교적 약한 요소로 바꾼 다음 수용성인 요소를 신장에서 오줌 속으로 배출함으로써 배설 문제를 해결한다. 간에서 암모니아를 요소로 바꾸고, 신장-수뇨관-방광-요도를 거쳐 요소를 대량의 물과 함께 오줌이라는 배설로 몸 밖으로 버리는 것이다. 가령 개구리는 유생인 올챙이로서 수중에서 생활하는 동안에는 암모니아 상태 그대로 배출한다. 그러다 아가미를 잃고 개구리가 되어 육상으로 올라올 무렵에는 암모니아에서 요소를 만드는 시스템으로 전환한다.

한편, 파충류와 조류의 경우는 간에서 암모니아를 독성이 약한 물질로 변화시키는 것까지는 포유류와 같지만 그 물질이 요소가 아닌 요산이다. 조류와 일부 파충류 등에는 방광이 없으며, 신장에서 나온 수뇨관이 소화기의 최종 부분인 총배설강(포유류의 직장 위치에 해당한다)과 연결되어 있다. 신장에서 여과된 요산 수용액은 총배설강에서 수분이 재흡수되는데, 물에 잘 녹지 않는 요산 수용액에서 수분이 재흡수되어 줄어들면 녹지 않은 요산은 흰 고형 덩어리가 된다. 파충류와 조류는 이 흰 덩어리를 오줌으로 배설하는 것이다.

만약 파충류(혹은 조류)의 오줌 성분이 요소였다면?

파충류(혹은 조류)의 새끼는 껍질을 가진 알 속에서 완전히 발육되어서 태어난다. 알에는 오줌을 모아두는 요낭이라는 것이 있다. 만약 파충류(혹은 조류)의 알에서 요낭에 담긴 오줌이 요소라면 무슨 일이 일어날까? 배아가 성장하는 동안 요낭 속 용액의 농도가 점점 높아진다. 이렇게 되면 알 속의 체액이 삼투압 차이로 요낭 쪽으로 빠져나가, 배아는 수분을 잃어 죽고 말 것이다. 그러나 물에 잘 녹지 않는 요산은 흰 고체 결정으로 요낭 속에 침전되기 때문에, 요낭의 액체 성분은 지나치게 농축되지 않고 배아는 안전하게 성장할 수 있다.

뿐만 아니라 요산은 알 속에서 배아를 보호하는 역할 외에도 새가 하늘을 날기 위해 몸을 최대한 가볍게 유지하는 데도 기여한다. 물에 녹일 필요 없이 고체로 굳혀 배설되는 요산은 많은 물을 쓰지 않고도 노폐물을 내보낼 수 있어 이런 측면에서 이상적인 암모니아 폐기 물질이다. 그러나 요산에도 단점이 있다. 그것은 몸속에서 농도가 높아지면 관절의 연골 부분에 요산의 결정이 달라붙어서 요산침착증의 원인이 된다는 것이다.

집에서 키우는 잉꼬 같은 새는 요산침착증에 걸릴 수 있는데, 좁은 새장 안에서 먹이만 충분히 주어지는 경우, 요산의 생성이 부정적인 결과를 낳는 것이다.

맺음말

내 전문 분야는 과학 교육과 과학을 이해하고 활용하는 힘을 기르는 일이다. 이 책은 그런 관점에서 집필한 것이다.

학교의 과학 교육에서 똥에 관한 학습은 '섭취한 음식물의 소화·흡수되지 않은 찌꺼기'라고 설명하는 수준에 그치고 있다. 우리와 매우 가까우며 평생을 함께하는 존재임에도 깊이 있는 학습이 부족한 실정이다.

한편, 세상에는 존재하지도 않는 '숙변'이나 몸속의 독소를 배출한다는 '디톡스'처럼 똥과 장 건강에 관한 근거 없는 정보가 넘쳐나고 있다. 이 때문에 무엇이 올바른 정보인지 알 수 없어 혼란에 빠지거나 잘못된 정보에 현혹되는 사람도 많은 듯하다.

최근에야 장내 세균의 세계가 주목받기 시작했지만, 확실히 밝혀진 것과 아직 가설의 단계에 불과한 정보가 혼재하는 상황이다. 특히 '유익균·유해균·기회주의균'이라는 용어가 아직 장내 세균총에 관해 극히 일부분만 알았을 때의 분류 단계에서 벗어나지 못하고 있는 것 같아 우려된다. 본문에서 이야기했지만, 약 1,000종으로 구성되어 있는 장내 세균총의 실체가 그런 식으로 단순명쾌하게 분류될 수 있을 만큼 상세히 밝혀진 것은 아니다. 흔히 유익균 : 기회주의균 : 유해균 = 2 : 7 : 1이 장내 세균의 이상적인 균형이라고 알려져 있지만 그것의 과학적·의학적인 근거는 알 수 없다. 프로바이오틱스 산업 측 연구자일수록 그런 이야기를 하는 경향이 있는 듯한데, '유익균'의 역할을 과대평가하고 있다는 생각이 든다.

현 단계에서는 각각의 장내 세균이 '좋은 일을 하면서 나쁜 일도 하는', '나쁜 일을 하면서 좋은 일도 하는' 것으로 평가되는 듯하며, 앞으로도 지속적인 연구가 필요하다.

나는 똥과 관계 있는 미생물에 관한 책을 친구들과 집필하는 등 똥에 관해 깊게 공부해왔다. 그리고 그 과정에서 프로바이오틱스 등 유익균·기회주의균·유해균의 개념을 더욱 회의적으로 바라보게 되었다. 다양한 연구 결과를 접하는 사이에 그런 자각을 얻은 것이다.

이 책을 집필하는 데 많은 분들이 의견을 주셨다. 그분들의 이름과 함께 감사의 인사를 전한다.

이노우에 간지(하치노헤 공업대학교 비상근 강사), 구메 무네오(소카 고등학교·대학교 비상근 강사), 사카모토 신(사이타마현 고시가야 시립 오부쿠로 중학교 교사), 사마키 에미코([주] SAMA 기획, 전직 고등학교 생물 교원), 시(암흑통신단), 다카노 히로에(일본분석화학 전문학교 비상근 강사), 히카미 나오코([독]국제협력기구 오가타 사다코 평화개발연구소), 히라가 쇼조(나라 교육대학교 명예교수).

또한 PHP에디터즈그룹의 미메 가쓰미 씨의 편집 덕분에 더욱 재밌고 유익한 책이 될 수 있었음을 덧붙이고 싶다.

참고 문헌

가미노가와 슈이치 지음,《몸속의 외계―신기한 장 이야기(からだの中の外界 腸のふしぎ)》, 고단샤블루백스, 2013년

사마키 다케오 감수, 야마모토 후미히코·가이누마 모토시 편저, 홍성민 옮김,《대변 소변이 알려주는 우리 몸의 비밀》, 미래의창, 2002

롭 드살레 & 수전 L. 퍼킨스 지음, 김소정 옮김,《미생물군 유전체는 내몸을 어떻게 바꾸는가》, 갈매나무, 2018년

벤노 요시미 지음,《대변통(大便通)》, 겐토샤신서, 2013년

벤노 요시미 지음,《똥커뮤케이션BOOK(ウンコミュニケーションBOOK)》, 파루출판, 2006년

사마키 다케오 지음,《똥에 관한 깊은 이야기(ウンチのうんちく)》, PHP에디터즈그룹, 2014년

사마키 다케오 편저,《세계가 놀라는 일본의 우수한 과학과 기술(世界が驚く日本のすごい科学と技術)》, 가사마서원, 2022

사마키 다케오 편저, 김정환 옮김,《머릿속에 쏙쏙! 미생물 노트》, 시그마북스, 2020년

아라이 료 지음,《태아의 환경으로서의 모체(胎児の環境としての母体)》, 이와나미신서, 1976년

앨러나 콜렌 지음, 조은영 옮김,《10퍼센트의 인간》, 시공사, 2016년

야마노우치 이쓰로 지음,《신생아(新生児)》, 이와나미신서, 1986년

에드 융 지음, 양병찬 옮김,《내 속엔 미생물이 너무도 많아》, 어크로스, 2016년

조 슈워츠 지음, 이은경 옮김,《장난꾸러기 돼지들의 화학피크닉》, 바다출판사, 2019년

헬시스트 편집부 편집,《유산균, 우주에 가다(乳酸菌, 宇宙へ行く)》, 분게이슌주, 2017년

후지타 고이치로 지음,《입문 비주얼 사이언스―신기한 기생충(入門ビジュアルサイエンス フシギな寄生虫)》, 일본실업출판사, 1999년